一灯照亮千年暗。

人类的灯具设计史，就是人类寻找光明的历史。

愿这一盏盏灯，为你驱散阴霾，迎来光明……

身 边 的 设 计 史

DESIGN OF
40 LAMPS

为了光明

40个灯具的设计

王受之 著

人民美术出版社

北京

图书在版编目（CIP）数据

为了光明：40个灯具的设计 / 王受之著. -- 北京：
人民美术出版社, 2021.1
（身边的设计史）
ISBN 978-7-102-08603-3

Ⅰ. ①为… Ⅱ. ①王… Ⅲ. ①灯具－设计 Ⅳ.
①TS956

中国版本图书馆CIP数据核字(2020)第191356号

身边的设计史
SHENBIAN DE SHEJISHI

为了光明——40个灯具的设计
WEI LE GUANGMING——40 GE DENGJU DE SHEJI

编辑出版　人民美术出版社
　　　　　（北京市朝阳区东三环南路甲3号　邮编：100022）
　　　　　http://www.renmei.com.cn
　　　　　发行部：（010）67517601
　　　　　网购部：（010）67517743
插图绘制　王受之
责任编辑　沙海龙
特约编辑　黄丽伟　LILY
装帧设计　翟英东
责任校对　王桢戎
责任印制　宋正伟
制　　版　朝花制版中心
印　　刷　雅迪云印（天津）科技有限公司
经　　销　全国新华书店

版　次：2021年1月　第1版
印　次：2021年1月　第1次印刷
开　本：710mm×1000mm　1/16
印　张：11.25
印　数：0001—3000册
ISBN 978-7-102-08603-3
定　价：69.00元
如有印装质量问题影响阅读，请与我社联系调换。（010）67517602

前　言

　　我的英语是在一盏昏暗的棉油灯下学会的。那盏灯是粗陶器的材质，一个把柄上面放了一个小碟子，倒上廉价、黑乎乎的棉籽油，放进一条绵捻子，点燃之后有很浓的黑烟。

　　灯在黑暗中带来的是光明，估计人类自从文明开始的时候，就会点火照明了。北京猿人居住过的洞穴顶部有火烧过的烟灰痕迹，估计是他们当年在洞内用火照明、烹饪留下来的。

　　据载中国的灯具最早出现在战国，但我估计肯定比战国要早得多。昆山千灯镇的千灯草堂（千灯馆）收藏千余盏灯，从最早的原始时代灯到现代灯具，时间跨越五千多年。那里就收藏有数盏新石器时代的石灯。中国古代传说记载，灯和龙的灭亡有关系：传说舜帝时代人们为了从龙的身上获取点灯用的油而大量地捕杀龙，龙才灭绝。《山海经·海内北经》中记载："舜妻登比氏生宵明、烛光，处河大泽，二女之灵能照此所方百里。一曰登北氏。"这揭示了中国古代灯的起源。《山海经·大荒北经》中记载："西北海之外，赤水之北，有章尾山。有神，人面蛇身而赤，直目正乘，其瞑乃晦，其视乃明，不食不寝不息，风雨是谒。是烛九阴，是谓烛龙。"

　　古往今来，我们的文字中记载的灯的诗篇何止千万啊！

唐代诗人韦应物的《对残灯》"独照碧窗久,欲随寒烬灭。幽人将遽眠,解带翻成结";宋代诗人苏颂在《恭和御制上元观灯》写的是上元节千家万户的绚丽灯火:"宝杯莲烛艳宫台,万户千门五夜开";而宋代诗人吴龙翰《灵山观金灯》更加写了寺庙观灯的辉煌:"……石池闷甘泉,瓦炉腾妙香。昔言山有灵,金灯夜呈祥……";也是宋代的黄庚作《书灯》:"书幌低垂风不来,兰膏花暖夜深开。剔残犹有余光在,一点丹心未肯灰。"这些灯,均是油灯,也就是用陶瓷、金属器皿做油托,上面放一个捻子点灯。如果说到灯具的设计,我看宋人叶茵有《琉璃砲灯》一诗,比较详细地讲灯,"体制先天太极图,灯笼真是水晶无。远看玉兔光中魄,近得骊龙颔下珠。一焰空明疑火燧,寸波静定即冰壶。游鱼且作沈潜计,鳞甲成时入五湖"。其实说的也就是用玻璃罩子罩着的油灯而已。

　　蜡烛被认为最早出现于公元前30世纪的古埃及,当时古埃及人把芦苇插在融化的牛脂内制成蜡烛。这种蜡烛在19世纪考古发掘中有发现,动物油脂长期以来都是蜡烛的主要原料,直到中世纪时期,在今西班牙、意大利南部、法国南部、希腊这些地中海沿岸地区的蜡烛都是用牛脂和羊脂制成,成分主要是甘油三酯。不过,中文的"蜡"字从虫部首。而蜂蜡基本不含甘油三酯,而是含有大量的十六碳酸(棕榈酸或棕榈油酸)与三十碳酸的高级酯。中国蜡烛的原料是来自四川的白蜡虫,其在白蜡树上分泌一种白蜡,质地洁白而细腻,被称为"川蜡",也就是白蜡。除此之外北极圈里的民族还用鲸脂做蜡烛,而热带居民则用棕榈树、漆树、小烛树、甘蔗来做植物蜡烛。19世纪初有法国化学家发现将油脂水解后得到的硬脂酸,比油脂更适合做蜡烛使用。我们现在的蜡烛则是石油副产品的石蜡做的。如果从古埃及算起,人类使用蜡烛的时间也有五千年了。

　　据记载,中国最初出现蜡烛的文献就是在东汉年间。南唐时期,南唐烈祖李昪(889—943)下令以出产自江浙一带的乌桕种子外面的蜡层取代动物油脂制成蜡烛,令其制作成本大幅下降,使蜡烛从此在中国得以普及。这个说法很流行,只是我现在还没有找到原文出处。

　　随着19世纪欧洲发明提炼石油的方法,蜡烛逐渐改用石蜡制成。煤油出现之后,灯具有了一个大幅度的发展。应该说灯具走进近代,开始于煤油灯,据说早在9世纪阿拉伯人已有使用煤油灯的记载，在博物馆里有当时煤油灯的收藏，和我们熟悉的煤油灯还是差距很大，我们习惯的近代的煤油灯是 1853 年由一名波兰发明家卢卡塞维奇（Ignacy Lukasiewicz）发明的。英语中叫煤油灯为"Kerosene lamp"，我年轻的时候在农村用的都是煤油灯中比较简单的那种灯芯灯（wick lamp），煤油灯使用棉绳灯芯，其灯头通常以铜制成，而灯座和挡风用的灯筒则用玻璃制成。灯头四周有多个爪子，旁边有一个可控制棉绳上升或下降的小齿轮。有一种煤油灯叫作"压力灯"（pressure lamp）我没有用过，还有一种非常明亮的"电石灯"，则是当年开大会的时候用的。所谓"电石"是碳化钙，遇水立即发生激烈反应，生成乙炔，并放出热量。这种灯就是用电石加水产生乙炔气照明的，非常亮，但是臭味很大，并且一般人家用不起。

油灯的使用和蜡烛的发明时间大概是差不多，之后才是近代的煤油灯，最后被电灯取代。电灯的发明是一个很长期的科学探索的结果，早在 1801 年英国化学家戴维（Humphry Davy, 1st Baronet，1778—1829）用铂丝通电发光，然后在 1810 年发明了电烛，利用两根碳棒之间的电弧照明。之后有林赛（James Bowman Lindsay，1799—1862）、法默（Moses Gerrish Farmer 1820—1893）、索耶（William Edward Sawyer 1850—1883）、斯旺（Joseph Swan）和戈培尔（Heinrich Gobel）。1854 年戈培尔使用一根碳化的竹丝，放在真空的玻璃樽下通电发光，当时灯泡可维持 400 小时，但没及时申请设计专利。1874 年，加拿大两名电气技师申请了一项电灯专利，他们在玻璃里充入氮气，以通电的碳杆发光。由于他们没有财力进行这项发明，于是把专利卖给爱迪生。爱迪生受到前人启发，购下专利后，便尝试改良灯丝。之后，电灯中的白炽灯、日光灯、LED 灯不断更新换代。人类用蜡烛、油灯两千年以上，爱迪生发明电灯，加速推动了当时的工业革命，对后世影响深远，改变了整个世界的生活模式。一般人认为电灯是由爱迪生独自发明的。事实上，美国人戈培尔（Heinrich Gobel）比爱迪生早数十年已发明了相同的原理和物料。但后世总是把白炽灯的发明归功于爱迪生一人身上。

在电灯问世之前，人们普遍使用蜡烛和煤油灯照明。煤油灯有浓烈的黑烟和刺鼻的气味，且要经常添加燃料，除了不便，亦容易引起火警。为了改善人类生活，爱迪生开始搜寻灯丝材料，他先后试验了 1600 多种材料，最后选用了熔点超过 3500 摄氏度的碳丝。他为了避免碳丝氧化，将玻璃泡中的空气抽掉，并用碳化纸条、碳化棉条等做灯丝，但这些材料亦因脆弱易断而失败。最终，在结合前人试验成果的基础上爱迪生在 1879 年 10 月 21 日成功发明碳丝白炽灯：一种经过通电，利用电阻把幼细丝线加热至白炽用来发光的灯，灯泡寿命可达 1200 多小时。人类的照明从此也就大不同了。

王受之

目　录

目　录

01 WG 24 包豪斯台灯
——现代工业产品设计的经典

对现代设计史有所了解的人，对这盏包豪斯台灯（Bauhaus Table Lamp）都不会陌生。它由几个最基本的几何形体组成：圆片状的玻璃灯座，上面立着一根圆柱形玻璃灯杆，杆的内核是镀铬金属，电线就套在金属杆内，灯杆上顶着一个球状的磨砂玻璃灯罩。拉下开关上悬吊着的小金属球，柔和的光线就漫射开来。它不仅是包豪斯的标志性产品，也是 20 世纪里最著名的灯具之一。

这盏灯是由包豪斯的学生威尔赫姆·华根菲尔德（Wilhelm Wagenfeld, 1900—1990）设计的，1923 年至 1925 年间，他就读于德国魏玛的包豪斯学院，并且在学院的金工车间担任技工。1923 年的一天，包豪斯的教员、金工车间的主任拉兹罗·莫霍利·纳吉（László Moholy-Nagy, 1895—1946）交给他一个任务——设计一盏台灯，要求是采用新材料、符合工业化批量化生产。

华根菲尔德的设计，充分体现了包豪斯的基本设计理念——形式追随功能，灯的每一个功能性部件都清晰显示，外形极其简洁，在选材上和加工过程上都力求保证品质，降低成本。这盏灯最初是在包豪斯的金工车间制作的，虽然是手工加工，但由于对加工质量的严格把关，几盏样灯看上去都像是机械加工制作的。从诞生之日起，时光已经流

包豪斯台灯

逝了将近一个世纪，但是这盏现代工业设计的标志性台灯，依然深受消费者的喜爱，由德国的 Techno-Lumen 公司继续生产。一件工业产品，能有这么悠长的生命周期，真不是容易的事情呢。

华根菲尔德的设计生涯开始得很早，一战期间，他才十多岁，就已经在勃利门银器工厂（Bremen Silverware Factory）的设计室当学徒。后来，他到本地的一家实用艺术学校学习；1919 年至 1922 年间，他获得德国州立汉瑙设计学校（State Design Academy of Hanau-Main）的奖学金，在该校完成了金工工匠的训练。这些学习经历，使他具有很强的动手能力，对生产流程、材料和加工技术都有相当深入的了解和掌握。他在设计这盏"包豪斯台灯"的时候，才年满 24 岁。

1925 年，包豪斯搬迁去德绍，华根菲尔德则依然留在魏玛，他参加了德国工业同盟（German Werkbund），并在魏玛的建筑和工艺学校担任金工车间主任，直到 1930 年德国纳粹党上台，他和许多教员被解雇，才离开了学校。20 世纪 30 年代里，华根菲

威尔赫姆·华根菲尔德（Wilhelm Wagenfeld, 1900—1990）

包豪斯台灯使用实景

尔德基本上是作为一个自由职业的设计师度过的，为多家玻璃制品企业设计产品，他的作品广受好评，曾先后在巴黎世界博览会、米兰三年展上获奖。

二战结束后，华根菲尔德受到多家学校的聘任，先后在柏林艺术学院（Berlin Academy of Fine Arts）、德国科学学院（German Academy of the Sciences）等设计院校任教，同时担任符腾堡州贸易办公室的设计顾问。1954 年，他在法兰克福创立了工业模型试验和发展工作坊（Experimental & Developmental Workshop for Industry Models, Stuttgart），与著名的罗森泰尔陶瓷厂、布劳恩公司等不少重要企业合作，为德国战后的经济复苏和发展，为现代工业设计做出了重要的贡献。

02 蒂凡尼台灯
——藏在美丽灯影背后的女人

在美国比较高端的灯具店里，几乎无一例外都会陈列几盏蒂凡尼台灯：不规则的边缘、复杂精细的图案、光彩夺目的颜色，带着一种历史沉积下来的神秘感。这种由蒂凡尼工坊（Tiffany Studio）出品的具有浓烈新艺术运动（Art Nouveau）风格的灯，已经成为美国设计的一个标志了。

路易斯·C. 蒂凡尼（Louis Comfort Tiffany, 1848—1933）是一位美国艺术家和设计师，以艺术装饰产品，尤其是镶花玻璃产品而著称。虽然身为著名的蒂凡尼珠宝公司（Tiffany & Co.）创始人的儿子，但路易斯·C. 蒂凡尼却并不

蒂凡尼台灯

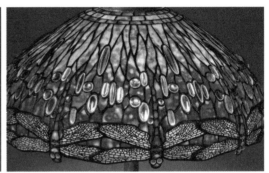

两款蜻蜓玻璃台灯

想当一个躺在父辈财富上混沌度日的富二代。在接受了一段时间的绘画训练之后，他对艺术玻璃产生了浓厚的兴趣，并在位于布鲁克林的几家玻璃工坊工作过几年。1879年，蒂凡尼和几位朋友一起创办了名为"蒂凡尼与美国艺术家联盟"（Louis Comfort Tiffany and Associated American Artists）的设计公司，主要从事室内设计和装饰工作。由于他们先后为著名作家马克·吐温（Mark Twain, 1835—1910）装饰了家居室内，还为美国第 21 届总统切斯特·A. 亚瑟（Chester A. Arthur）装修了白宫，因而声名大噪。

在白宫的装修中，蒂凡尼设计了一些镶花玻璃的屏风和窗户，这令他重拾对艺术玻璃装饰的热情。1885 年，他成立了自己的玻璃装饰公司——蒂凡尼工坊。起初，他专注于镶花玻璃窗的设计和制作，而且成绩不错。1900 年，在巴黎举办的国际博览会上，他设计的"四季"镶花玻璃窗获得金奖。在此期间，蒂凡尼在技术上有了两项重大的突破：一是研制出一种名为"Favrile"的虹彩玻璃，色泽特别漂亮，并带有金属的光泽。而且由于含有一些矿物的微粒，染色并不均匀，反而显得格外生动，他为此还申请了专利。另外一项是"铜箔术"，就是用很薄的铜箔，将切割好的玻璃片边缘包裹起来，以便再将这些玻璃片焊接成需要的图形。这样一来，他就能设计和制作他心目中设想了很久的花式台灯了。蒂凡尼台灯的设计和制作过程大致是这样的：

首先是设计，蒂凡尼灯的图案基本可分为两类，一类是几何纹样的组合，另一类则

路易斯·C. 蒂凡尼（Louis Comfort Tiffany, 1848—1933）

来自于大自然，以花卉、蜻蜓、蝴蝶、孔雀羽毛为主要元素。

设计好之后，先将图案绘制在一张纸板上，标上颜色和编号；再将玻璃板铺在纸板上，将图案复制下来；然后用手工切割，将玻璃切成一块块小片，清洗之后，染色，包上铜箔；最后将这些小玻璃片逐片依照设计图样焊接成型，一盏漂亮的蒂凡尼灯就诞生了。当时，这些灯都是由一些心灵手巧的年轻女子制作的，她们被称为"蒂凡尼姑娘"（Tiffany Girls）。

在很长的一段时间里，人们以为这些美丽的蒂凡尼灯都是蒂凡尼本人设计的。直到进入21世纪，艺术史学者才经由档案馆里发掘出来的一批信件，发现在这些梦幻般的灯影背后，其实另有其人。

这些信件是一位名叫克拉拉·德里斯科尔（Clara Driscoll,1861—1944）的女子写给她的母亲和妹妹们的。根据信中的内容，人们发现，她才是大部分蒂凡尼灯的设计者和制作者。克拉拉·德里斯科尔1861年12月15日出生在俄亥俄州的塔尔马德奇镇（Tallmadge, Ohio），12岁时，她的父亲去世了，母亲一人将克拉拉和三个年幼的妹妹抚养成人。

克拉拉天资聪慧，很有上进心，虽然家境清贫，但她一直努力为自己争取更多的受教育机会。很早，她就表现出在艺术方面的天赋，进入克利夫兰一所专为妇女开设的设计学校学习，并在本地的一家家具制造厂里打工。后来，她搬去了纽约，到大都会博物馆的艺术培训学校继续深造。1888年，她被招聘进入蒂凡尼公司工作，主要担任灯具的设计，并且还负责指导蒂凡尼姑娘们的加工制作。她设计的灯具超过三十多盏，其中包括非常著名的"蜻蜓灯"和"紫藤花灯"。

出于商业的原因，公司对外的宣传中，从来没有提及过其他的设计人员，但是路易斯·C.蒂凡尼对于克拉拉·德里斯科尔的才华一直都非常赞赏，付给她的一万美元年薪也是当时女性的最高薪资。克拉拉·德里斯科尔后来虽然因为结婚而离开了公司（蒂凡尼工坊明言不雇佣已婚妇女），但她对这位老板也一直非常尊重和敬仰。

⓪3 "宝丽来"台灯
——科技和设计的结晶

现在说起"宝丽来",相信大多数读者想到的是柯达公司推出的"拍立得"相机上采用的即拍即成像的底片。美国科学家、发明家埃德温·兰德（Edwin Land, 1909—1991）在20世纪30年代发明了一种特殊的胶卷和一种偏振滤光片。将这种滤光片装在照相机的镜头上,采用这种特殊胶卷,就可以一经曝光,即时成像,而无须经过显影、定影的工序。兰德在1933年将自己的新产品向柯达公司推销,从而认识了当时为柯达公司设计相机的沃尔特·D.提格（Walter Dorwin Teaque，1883—1960）。

为了开拓新的销路,兰德曾请他的工程师们设计一盏台灯,利用偏振滤光片减少眩光,减缓灯下阅读者的眼睛疲劳。但是,工程师们大约太过拘谨于工程要求和技术因素,设计出来的灯粗粗笨笨的,块头很大,无法令人满意。于是在1937年,兰德将设计任务委托给

宝丽来台灯

沃尔特·D. 提格（Walter Dorwin Teaque,1883—1960）

沃尔特为柯达公司做的设计产品

提格的设计事务所，经过提格和他手下的设计师佛兰克·D.吉迪斯（Frank Del Giudice, 1916—1993）的共同设计，这盏114型"宝丽来"台灯（Polaroid Desk Lamp 114，在英语中，"Polaroid"意为"偏振光"）终于问世了。在保留工程人员设计的技术要点的前提下，两位设计师在外形上下了很大功夫：一个球冠形的灯座，通过一个斜圆锥形的灯杆和抛物面形状的灯罩连成一体。三个部分虽然采用了不同的几何形体，但过渡得非常流畅、自然，一气呵成，浑然一体。灯泡安装在抛物面的焦点位置上，所以经由灯罩反射后，形成平行的光束，分布均匀。再加上偏振滤光片的作用，灯光虽然明亮，但并不刺眼。这盏灯，后来成为美国流线型设计的代表作品，现在更成为设计收藏家们的宠爱之物，虽然是批量化生产的工业产品，拍卖价却超过了1500美元。

说到提格，那可是美国现代设计史上值得大书特书的人物，有"工业设计首领"（Dean of Industrial Design）之称。他的设计阅历极其丰富，在建筑设计、产品设计、平面设计、字体设计、展览设计等方面都享有盛名，还是一位作家和企业家。他是美国工业设计师职业化的重要推手，是美国设计师协会的创办人之一和第一任主席。关于他的故事，恐怕专门一篇文章都写不完。他曾这样谆谆教导年轻的同行们："在充满竞争的市场上，成功并不是由迅速但并不稳定的盈利来界定的，而是由稳定、可依赖的公众长期支持来决定的。只有赢得并保持住公众的信赖，才能获得真正的成功。"（In competitive markets success is measured not by quick, erratic profits, no matter how large, but by steady, dependable public support over a long period. Permanent success is achieved only by winning and holding public confidence.）

　　和提格相比，吉迪斯应该算是晚辈了。他毕业于布拉特学院（Pratt Institute），是最早完成设计专业教育的真正科班出身的工业设计师（以前的设计师大多毕业于建筑、美术类院校）。他后来到提格设计事务所的西雅图分部主持工作，为波音公司设计了许多飞机的内部机舱。

◯4 金钟吊灯
——绽放的金色"吊钟花"

一般认为，世界现代建筑设计有五位最主要的奠基人，他们都出生于 19 世纪 80 年代左右，在 1910 年之后开始探索现代建筑、现代产品设计，到 20 世纪二三十年代已经具有国际性的影响力了，他们是德国人沃尔特·格罗佩斯（Walter Gropius，1883—1969）、路德维希·密斯凡·德·洛（Ludwig Mies Van der Rohe，1886—1969）、瑞士—法国人勒·柯布西耶（Le Corbusier，原名 Charles-Édouard Jeanneret-Gris，1887—1965）、美国的佛兰克·L.莱特（Frank Lloyd Wright，1867—1959），以及芬兰设计家霍戈·阿尔瓦·亨里克·阿尔托（Hugo Alvar Henrik Aalto，1898—1976）。

芬兰的现代设计发展得很早，20 世纪 20 年代已经出现了一些很精彩的作品。阿尔瓦·阿尔托早期的产品设计，往往是和建筑项目结合

金钟吊灯

金钟吊灯

在一起的。比如他在卡蕾莉亚半岛设计维堡图书馆，在帕拉米欧设计结核病疗养院的时候，都一并设计了配套家具和用品，甚至连门把手都是他同时设计的。早年的建筑大师多采用这样的方式，而阿尔托更将这个习惯一直保持到晚年。这些家具和产品是为特定的建筑设计的，他在此期间的不少设计作品都享有很高的声誉。

1937 年，阿尔托为赫尔辛基著名的萨沃伊餐厅（the Savoy Restaurant in Helsinki, Finland，1937）设计了室内、家具、餐具、陶瓷和玻璃器皿，以及灯具。其中的吊灯尤其出名。因为形状像一个吊钟，又是金色的，所以被广泛称为"金钟吊灯"（Golden Bell Light）；因为吊灯线很长，几乎 3 米，因此也被叫作"钟摆吊灯"（Pendant lamp），产品生产编号是 A330S。萨沃伊餐厅是 1937 年设计的，内部产品的设计稍微晚一点，金钟吊灯的设计完成于 1939 年，是阿尔托和夫人艾诺·M. 马西奥—阿尔托（Aino M.Marsio-Aalto, 1894—1949）合作设计的。

多年前，我开始教《现代设计史》《工业产品设计史》的时候，已经注意到萨沃伊餐厅的建筑和所有的配套设计，这盏灯我在印刷品上看过多次，印象很深。前几年我和几个朋友去赫尔辛基，晚上预定参观的正是萨沃伊餐厅，真是让我喜出望外。对于研究产品设计史的人来说，这家餐厅里所有的设计，都是现代设计的经典之经典，因此那顿饭竟有种朝圣的感觉，看到了著名的萨沃伊玻璃水瓶（the Savoy Vase）、萨沃伊陶瓷、

阿尔瓦·阿尔托（Hugo Alvar Henrik Aalto，1898—1976）

萨沃伊椅子，萨沃伊室内都让大家感动，特别是知道所有这一切均是在 1937 年那个战云密布的时代里设计出来的，经历了近一个世纪的洗礼，而这些设计依然在众多商业产品中脱颖而出，依然保持着前卫、先进、艺术性突出的特点，不愧是大师之作。

金钟吊灯造型很朴素，好像一个上小下大的倒置水壶，或者像一个教堂里的倒悬金钟。这盏灯具是为萨沃伊餐厅一体化设计的，也就是在 1939 年做好的，餐厅开张的时候，整个空间用的就是这种灯具。因为是西餐厅，室内灯光设计比较暗，这盏金钟似的吊灯，用长长的线，从天花板悬吊下来，照亮了餐桌，却不会令周围环境显得太过光亮。走进餐厅，好像一朵朵金色的吊钟花正在绽放，感觉真是很美妙。造型如此简单，在当时是非常特别的，因为那个时代的灯具设计，还处在刚刚脱离新古典风格的泛滥期，主流方向还没有确定，而阿尔托能够将豪华餐厅的灯具设计得如此简洁，树立了一种完全不同的新的审美观念，一种与众不同的现代感、典雅、得体，工艺上极其讲究细节，光线柔和，和餐厅的整体氛围非常相称。阿尔托是一位现代主义的设计师，但他并没有走类似密斯那种有点极端的极简主义设计，而是结合了许多为芬兰民众所熟悉的传统形式、材料，并融入了他自己标志性的流线型风格特点，做出了这盏金钟灯具来。他是一位全能设计师，他认为所有在室内使用的产品，应该和建筑本身一起，形成一个整体环境，因此他特别强调建筑师也应设计所有的室内产品，包括家具、灯具、用具等。所以，萨沃伊餐馆开业，不但立即火爆，里面的产品也都成了经典，成为消费者追逐的对象。从那个时候开始，金钟吊灯就开始在全世界各地销售，出现在不少餐厅，公共场所，甚至在家庭里。

金钟吊灯灯罩的口径为 17 厘米，高 20 厘米，吊索长约 3 米，其生产代号为 "the A330S ceiling lamp"，现在由芬兰的阿特克公司（Artek）出品。早年原装的金钟吊灯用的白铜，而现在我们看到的金钟吊灯有多种不同的金属选择，主要是镀镍铁灯罩，内部油漆成白色，上面的吊索也是白色的。可选用 9 瓦的日光灯泡，或者 40 瓦的白炽灯泡。

05 尼尔森的"泡泡灯"
——永不褪色的传奇

故事最早发生在 1947 年，美国设计师乔治·尼尔森（George Nelson,1907—1986）看到海报，纽约一家名为"波尼尔斯"（Bonniers）的瑞典产品专卖店有减价促销活动。尼尔森当时尚不太出名，他在纽约的办公室相当简陋。他相信如果能在办公室里摆放上一件出色的设计品，整个办公室的感觉就会变得大不一样了。他看上了那家商店出售的

泡泡灯使用实景

一盏类似灯笼的球形吊灯：铁丝做的框架，上面拼缝着剪成三角形的丝绸织品，很有现代感，也很有手工艺的韵味。然而一问价，却让他大为上火——就连那盏商店里用作陈列品的灯，上面隐约留有被人摸过的手指印，打了折还要 125 美元！这在当年，可不是一个小数目。尼

尼尔森的泡泡灯

尔森兴冲冲地赶来，却败兴而归，心里老大不爽，又很不甘心，那盏灯在心头萦绕不去。下楼梯的时候，他突然想起前几天在《纽约时报》上看到的一张照片：一艘二战中用过的"自由"级运输船，退役了，停泊在岸边，甲板铺上了网，然后采用战时军队使用的一种高速喷塑技术（英文称作 self-webbing）在网上喷了一层塑料。他想，我能不能用这种技术来做灯呢？那时，第二次世界大战结束不久，将军用的材料和技术转为民用非常时兴。尼尔森和同事们用铁丝绕出了灯的球形框架，然后用从本地厂商那里买到的喷塑器，向高速旋转的框架上喷了一层乙烯基塑料，形成薄膜，再在里面安装上灯泡，第一盏"泡泡灯"（Bubble Lamp）就这样做出来了。

　　几经改进之后，尼尔森设计出一系列的泡泡灯来：有简单地由一根灯线悬吊的吊灯，也有用一根细金属弯杆挂在墙上的壁灯，还有用三脚架支在地上的落地灯；除了球形之外，还有圆筒形、榄核形……他并没有给每一盏灯各起一个名字，而是由生产厂家统一编号以示区别。例如，榄核形的大吊灯被命名为"泡泡灯 H—727"，球形的小吊灯被命名为"泡泡灯 H—738"等。

　　起初，尼尔森将他的泡泡灯交给霍华德·米勒时钟公司（Howard Miller Clock Company）生产，从 20 世纪 50 年代初起，这种泡泡灯源源不断地从生产线上被制造出来，并被销售到世界各地，一直延续到 1979 年。泡泡灯成为美国设计，尤其是第二次世界大战以后的"世

美国设计师 乔治·尼尔森（George Nelson,1907—1986）

纪中期设计"（Mid-Century Design）高潮的标志性产品，不论放在哪里——餐厅、卧室、公众空间，总能以它那丰沛而均匀的柔和灯光，营造出永不过时的优雅氛围来。

第二次世界大战结束后，尼尔森曾出版了一本他和亨利·莱特（Henry Wright）合写的著作《明日住宅》（*Tomorrow's House, New York: Simon and Schuster*, 1946），书中提出了一些室内设计的新概念，例如"家庭房"（Family Room）——与正式的客厅不同，这是一个让全家人可以聚在一起的多用途、非正式空间，以及"储物墙"（Storage Wall）——即在墙上预设的凹进式书架、储物架等。在这本书中，两位作者介绍了现代设计，但他们并不是将"现代"单纯作为一种风格，而是作为一种新的生活方式，注重解决战后民众生活中的新问题。

1945 年，赫尔曼·米勒家具公司（Herman Miller Furniture Company）的总裁德克·J. 迪普里（Dirk ·J.De Pree, 1891—1990）读到了《明日住宅》这本书，非常赏识尼尔森的才华和见识，邀请他来担任了赫尔曼·米勒家具公司的设计部主任。在接下来的三十年中，尼尔森一直担任这一要职。一方面，他自己继续设计、佳作不断；另一方面，他也是一位难得的领袖型人物，在他的麾下，聚集了蕾和查尔斯·伊姆斯夫妇（Ray and Charles Eames）、唐纳德·诺尔（Donald Knorr, 1922—　）、理查德·舒尔茨（Richard Schultz, 1926—　）、哈里·别尔托亚（Harry Bertoia, 1915—1978）和山口勇 （Isamu Noguchi, 1904—1988）等一批当时最优秀的设计师，很快就将米勒公司打造成世界上最有影响力的家具公司。

尼尔森为人幽默诙谐，他甚至拿自己在米勒公司的职务开玩笑，说自己是个学建筑的人，跑来设计家具，资质不足。他形容自己是个最平凡的普通人，只不过脑袋里不时会蹦出一些好主意来而已。这些评价，也许都是真的，但这并不妨碍他被公认为战后美国现代设计的领军人物，他那些充满创意、注重功能的设计成为这个时代的最好定义。

这些泡泡灯早就成为各个主流设计博物馆的殿堂级藏品，进入 21 世纪以后，赫尔曼·米勒公司与乔治·尼尔森基金会合作，重新生产泡泡灯系列。喜爱设计的朋友们，不但可以到博物馆去欣赏这些现代设计的佳作，还可以将它们带回家中，陪伴自己度过一个个美好的夜晚了。

06 苏奥拉落地灯
——从未投产的"抢手货"

这盏灯是意大利建筑师、设计师
卡罗·莫里诺（Carlo Mollino, 1905—
1973）1947 年为一家意大利材料公司
（Artisanal Materials）的门市部专门设
计的，从未投入批量化生产，原图纸也在
20 世纪 50 年代的一场火灾中烧毁了，然
而，这并没有影响到市场对它的欢迎度。
这盏灯在 1994 年由意大利科洛巴里艺术
画廊（Galleria Colombari）限量复制后，
其拍卖价竟高达 35000 美元！这样的天
价，连拍卖行本身也感到吃惊，因为它
们原来的预估价格在一万美元以下。

我想，这盏名为苏奥拉的落地灯
（Suora Floor Lamp）之所以受到这样的
热捧，原因恐怕不外乎两点：一是这盏
灯的确有收藏价值，其设计非常独特，纤

纽约麦迪逊广场北展馆在
"世纪中设计展"展出的苏奥拉落地灯

苏奥拉落地灯

细的黄铜灯杆分为三节，每一节都可以调节；底座是一块刻成四瓣花形的大理石，看上去也不像通常落地灯那么沉重；尤其是灯罩的设计，由两片对扣着、相互缠绕的曲面，形成一种"含苞欲放"的花朵般的感觉，整体轻盈跳脱，很有艺术品位。第二则是对于设计师的尊崇和喜爱了，"爱屋及乌"，人们对他的设计就会情有独钟。

这盏灯的设计师卡罗·莫里诺，人称"意大利设计怪杰"，是 20 世纪中期最有影响的意大利设计师之一。他为人风趣诙谐、洒脱不羁，兴趣广泛、爱好多样，而且爱一样，钻一样，精一样，即便是业余爱好也要爱出个名堂来。他是建筑师、设计师，同时又是摄影师、滑雪运动员、赛车手，是一位非常有创意、有个性的人物。

莫里诺出生在意大利北方工业重镇都灵，从小就对父亲的工程师工作非常迷醉，其

意大利建筑师、设计师　卡罗·莫里诺（Carlo Mollino, 1905—1973）

一生都对工程技术和机械结构钟爱有加。在进入都灵大学学习的时候，选择的专业便是结构工程学和建筑。毕业之后，他在父亲的事务所工作了一段时间，然后开设了自己的设计事务所，从事建筑和室内设计。他在建筑方面很有成就，比较重要的作品有：都灵中心（the Società Ippica Torinese ，1937—1940）、太阳之家（ Casa del Sole, 1947—1954 ）和都灵的里基奥剧场 （the Teatro Regio Torino 1965—1973）等。

莫里诺在设计中，常会展示出一种工程师特有的精准性。他在职业生涯中，获得过不少专利，他发明了蜂窝状水泥、还发明过一个用来绘制透视关系的小工具。1952 年，为了生产他设计的一套家具，莫里诺还发明了一种薄胶合板冷压成型的新工艺。

除了从事建筑和室内设计之外，莫里诺还热衷于赛车，是一位相当不错的赛车手。他为自己设计了一台后掠式的跑车，开着它去参加正式比赛，并打破过一些赛车记录。他很喜欢雪山，设计过一些雪山上的住房和建筑室内，他本人也常去山上滑雪，还曾经出版过一本介绍滑雪技术的书，并亲自给这本书配上了不少插图。莫里诺去世之后，人们发现他留下的不少摄影作品，大多是以他自己设计的家具为道具或背景拍摄的裸体女性照片，这些照片的构图、 布光、道具的选择、拍摄的角度都非常讲究，彰显出摄影师的美学理念。

莫里诺对于痛快的速度感、对于干脆利落的线条、对于女性妖娆体态的感受和把握，在他的家具和灯具设计中都明显地流露出来，并带有一种超现实主义的味道。这盏苏奥拉落地灯，就是一个很好的例子。

今天，当人们看到那些富有创意、做工精致的高档家具或灯具时，很自然地就会觉得这是"意大利产品"。意大利设计在国际上的崇高地位是在第二次世界大战结束后，随着意大利经济的复苏，经过许多设计师的努力，再加上纽约现代艺术博物馆、布鲁克林博物馆等举办的一系列关于意大利现代设计的展览的推动，逐步建立起来的。卡罗·莫里诺正是意大利设计崛起的一位重要推手。

07 反向平衡吊灯
——艺术和设计的不解因缘

造访过美国首都华盛顿国家艺术馆东厅的观众，都会对入门大厅顶上悬挂着的那件动态雕塑印象深刻：一根细杆悬吊着不规则排列的片片红叶，依照"力 × 力臂 = 重 × 重臂"的平衡原理，精确计算了各叶片的自身重量和相互距离，使它们之间形成一种反向平衡的关系。这些看似无序的叶片相互制约、相互平衡，在室内气流的扰动下，相对独立地各自摇摆、旋转，令人遐想万千。这是美国著名雕塑家亚历山大·考尔德（Alexander Calder, 1898—1976）生前完成的最后一件大型作品"Big Red"，是动态雕塑（mobiles）的经典之作。

这么美丽的艺术品，可否走进寻常人家？可否有实用功能呢？答案是肯定的。意大利灯具设计师安杰洛·列里（Angelo Lelli,1911—1979）在 20 世纪 50 年代设计的"反向平衡吊灯"（Counterbalance Ceilling light），与考尔德的雕塑，有着异曲同工之妙。

这盏灯有 6 根可以分离的金属杆，金属杆的一头比较长，装有白炽灯头，配有一个贝壳形的红色灯罩；另一头则比较短，装有一个黑色的配重球。红色的灯罩和黑色的配重球颜色各有不同，由浅及深依次排列。6 根金属杆通过一个环形的固定件，锁紧在从

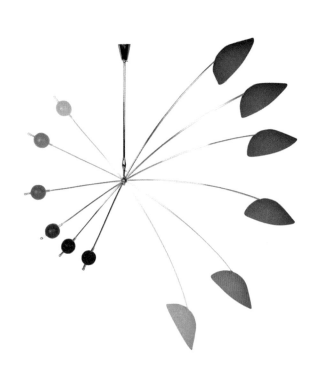

反向平衡吊灯

天花板吊下来的吊灯杆上。这盏灯可以有不同的应用方式，如果只装进一根金属杆以及相应的灯头、灯罩和配重球，是一盏很漂亮的吊灯；如果将吊灯杆换成一个落地灯的灯杆和灯座，则成了一盏很别致的落地灯。

安杰洛·列里是意大利"二战"后的一名重要的企业家、设计师。他在战前就开始在自家的地下室设计并制作灯具。"二战"结束后，他设计的三款灯具被意大利著名的设计杂志《多姆斯》（*Domus*）报道，并获得高度评价，于是，他在意大利的曼扎创立了阿列多卢斯灯具公司（Arreduluce, Manza, Italy），并担任公司的设计部主任。除了自己从事设计之外，他还邀请佛朗科·阿尔比尼（Franco Albini 1905—1977）、卡斯提格里奥尼兄弟（Achille Castiglioni, 1918—2002; Pier Castiglioni, 1913—1968）、吉奥·庞蒂（Gio Ponti, 1891—1979）、艾托尔·索扎斯（Ettore Sottsass, 1917—2007）、南达·维戈（Nanda Vigo，1936— ）等著名的意大利设计师们来参与公司的设计。在他的领导下，阿列多卢斯灯具公司出产了许多优秀灯具，以其现代主义的美学观念、创意十足的设计和精良的加工，在国际市场上享有盛誉，有些设计

美国雕塑家　亚历山大·考尔德（Alexander Calder, 1898—1976）

还被其他国家的灯具公司购买版权去加工生产，对于意大利现代设计在"二战"后异军突起、名扬四海起到显著的推动作用。

　　记得在 20 世纪 80 年代初，我开始在国内各地宣讲现代工业设计的时候，国内还只有工艺美术系，尚无设计系。每次讲座我都要花费相当时间去厘清艺术与设计的区别——艺术是艺术家个人情感和理念的表达和宣泄，而设计是一项以满足客户需求为己任的市场运作。时过境迁，现在中国的设计院校和毕业生的数量，都已经冠绝全球了，艺术和设计的关系，恐怕也到了要强调它们之间千丝万缕联系的时候了。做一个好的设计师，没有足够的艺术修养，恐怕真的不行呢。

⓪⑧ 塔里辛落地灯
——一盏灯的前世今生

这盏非常具有雕塑感的落地灯，是美国著名建筑师佛兰克·L.莱特（Frank L.Wright, 1867—1959）1955 年为他自己的家居设计的。但究其起源，则还要追溯到 1933 年。

那一年，莱特将设在威斯康星州绿泉市的山边家庭学校（Hillside Home School, Spring Green, Wisconsin）的体育馆，改建成一个剧场，他将一些木制的长方形小灯盒和挡光板组合起来，设计成剧场的吊灯。这个充满创意的灯具，首次不用玻璃、塑料或金属等工业材料，完全用天然木材，得到了非常戏剧化的视觉效果。22 年之后，一场大火烧毁了这个剧场，精美的吊灯也化为了灰烬。

但是，莱特并没有忘记这盏独特的灯。他将那些长方形的木盒和挡光板重新排列，固定在一根小方木柱上，做成一盏落地灯，就是这盏漂亮别致的塔里

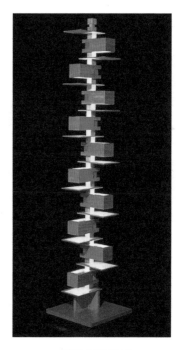

塔里辛落地灯

塔里辛落地灯的光影效果

辛落地灯（Taliesin Floor Lamp），将它放在位于塔里辛的自家餐厅里。他发现，这样通过挡光板反射出来的漫射光，非常柔和，比常见的落地灯更加令人愉悦。他在每个灯盒里装了一个 15W 的灯泡，小灯盒和挡光板均可拆卸，其方向和位置可以根据需要而调整。通过将挡光板安装在灯盒的上方或下方，还可以调整灯光的方向，让光线向上或向下射出，呈现出多层次的照明效果。灯光亮起的时候，如同火树银花，即便没有点亮，这盏灯也像一件精美的雕塑作品，成为室内的视觉焦点。柔美的间接光线、色调温暖的樱桃木质，在冰雪覆盖的威斯康星冬夜里，更为家庭生活添加了融融暖意。莱特还用同样的元素，设计了一盏台灯。

莱特是一位著名的建筑大师，他的"流水别墅"、纽约古根海姆博物馆等名作在设计界几乎是人尽皆知。然而他的天赋并不局限在建筑范围内，他是一位设计上的多面手，在平面、家具、灯具、纺织品、陶瓷器、室内装饰摆件、镶花玻璃等多个设计领域，都很有造诣。他认为，一栋住宅建筑，离开了室内设计，离开了日常用具，就无法成为一个实际意义上的家。因而，很多时候，他在设计住宅的同时，还设计了与建筑风格融为一体的家具、灯具、壁挂、摆件、镶花玻璃窗等，很多作品已经成为传世之作，至今仍在生产，仍然受到广泛的欢迎。

美国建筑师　佛兰克·L.莱特（Frank L.Wright, 1867—1959）

有点特别的是，莱特虽然是一位美国设计大师，但是他的灯具现在却是由一家获得莱特基金会（Frank Lloyd Wright Foundation）授权的日本公司 Yamagiwa 生产的。这家享有国际声誉的日本灯具公司，成立于 1923 年，与多位国际知名的设计师合作，专门生产高端照明用具。

我想，莱特基金会选择这家日本灯具企业的原因，不外乎这样两点：一是这家公司坚守了日本传统手艺工匠的传统，加工精细，能够很好地把握莱特设计中的精妙之处。二是因为莱特本人对日本的传统工艺有很深的情结，他的作品中也有许多东方艺术和设计的影响。所以二者一拍即合，从 1994 年起，莱特的灯具就全部交由 Yamagiwa 公司生产。多年合作下来，双方更加深了相互的信任，有了更进一步的合作。

除了建筑之外，莱特留下将近 850 件设计作品，有些有实物留存，有些只有照片或设计草图。经莱特基金会的同意，Yamagiwa 公司的产品发展团队着手根据这些留下的资料，遵循莱特一贯的设计思路和美学观念，利用现代的技术手段，将原来只是手工单件制作的灯具，转化成可以批量生产的"莱特式"产品，满足当今的消费者要求，适应现代的生活方式。

2017 年 6 月 8 日，是莱特诞辰 150 周年纪念日。Yamagiwa 公司在莱特设计的东京帝国饭店举办了莱特灯具作品展，250 多位特邀嘉宾齐聚一堂，向这位伟大的创意天才表达敬意。

⑨ 松果灯

——保罗·汉宁森的"反光机械"

我喜欢丹麦的灯具，因为它们总是有很优美的主题性，而又不抢夺室内功能焦点。很典雅，却不夺目；功能好，外观美，还相当中性，方便与各种室内陈设协调。多少年前设计的灯，现在看还是很新颖，设计做到这个地步实在不容易。记得前年在北京出席瑞典沃尔沃汽车的一个发布会时，曾和它们中国营销部的负责人聊天，那是位荷兰人。谈到室内设计的时候，他也很服气地说："不知道丹麦怎么会在室内设计上这么强呢？"西方人对丹麦设

松果灯

计都有种刮目相看的钦佩，不是偶然的。丹麦现代设计的奠基人之一保罗·汉宁森（Poul Henningsen, 1894—1967）设计的 Sepina 吊灯是 1931 年的作品，被人俗称为"松果灯"的 PH Artichoke 吊灯是 1958 年的作品，现在怎么看也还是第一流的水平，放在当代的室内，还是好看好用得不得了。这样的灯具设计，可以说真是达到登峰造极的水平了。

讲灯具，要讲居住面积。总体来说，现代人的住房面积有越来越大的趋势。豪宅自不必说了，就是一般人的住房，也多在 100 平方米左右，大一点的超过 200 平方米，也并不罕见。国内有种流行的错觉：好像住房的面积就是要越来越大，没有限度。现在国内的一些豪宅，面积动辄到 700 平方米，甚至超过 1000 平方米的也有了。其实，从住房比较宽敞的美国、加拿大来看，人的住房面积达到一定程度就不会再大规模地往上走了。原因很简单，住房是过日子的地方，超过一定尺寸，居住上反而不方便了。并且地税随面积增加，也没有必要。在美国居住，200 平方米至 300 平方米的住宅是比较多见的，再大的反而就少了。一般认为，超过这个尺度的住宅，主要功能就不是居住，而是拿来给人看的。在大家的居住环境都达到一定水平的时候，炫耀面积就没有什么意思了，尺寸也就比较稳定了。

如果我们设定基本住房面积是 100 方米平至 200 平方米之间，里面的家具、灯具的选择就很有挑战性。那些超过 500 平方米的住宅，有好多空间给你试验，能够给错误的选择留下退路，而大凡在 100 方米平至 200 平方米之间，反而需要精心考虑，如果选择不好，扔了可惜，不扔则碍事。就拿灯具来说吧，一个 200 平方米的住宅，客厅、家庭室、餐厅、厨房、书房、卧室、洗手间，就这么七八个功能区域，用什么样的灯，主次如何搭配，颇费脑筋。一般做设计的人认为：照明要足够，但不宜过亮；区域性照明光线宜柔和，功能性照明（比如书房）则要充足。一般区域里，灯具仅仅是个光源，要注意光线，但不要过于强调灯具；而某些特定的区域（如客厅）需要强调的灯具就要很突出，要和整个住宅的风格品位协调。灯具除了照明的功能性之外，还有营造气氛的功能，家用灯具通常选择光谱偏暖，而不要偏冷。

这几年，常有朋友搬入新居，我看他们最头痛的就是主要灯具的选择。虽然杂志上、家具店里，林林总总的灯具成百上千，但要选一款中意的、好用的，还真不容易。我们在杂志上看灯具，或者在家具店看灯具，是把灯具脱离了环境来看的，就好像在博物馆看家具一样，完全没有周边环境的考虑，基本相当于欣赏独立的架上艺术品的方式。这种选择方法其实很危险，因为一旦买了回来，放在家里，经常是格格不入，和周边环境不协调。因此，要考虑具体的室内陈设、建筑环境来选择灯具。

保罗·汉宁森（Poul Henningsen, 1894—1967）

保罗·汉宁森的灯具设计，被公认为"反光机械"，采用不同形状、不同质材的反光片环绕灯泡，是他的一个突出的设计特点。在多年的反复探索和设计中，他一直保持着这个特点。他设计的灯具往往在构思上是一致的，但是在形式上又能千变万化。上面提到的PH Artichoke 吊灯，是一组很复杂的反光板围成一个松果形状的灯，这些反光板形成了漫反射、折射、直射三种不同的照明方式。除了照明之外，就连灯具的影子都可以营造出一种特殊的氛围来，一团华贵的光圈，在餐厅、起居室用，本身就是一个优美的光雕塑，然而并不张扬。这盏灯的反光板材料是很讲究的白铜片，无论开灯还是关灯，这个灯具都是一个很精彩的室内陈设。做灯做到这个份上，也真足以让丹麦人骄傲的了。这个灯具现在还是大灯具公司 Louis Poulsen 的主打产品，我的一些设计师朋友家里都有这款灯，成了一种品位的象征了。

汉宁森的设计采用了构成主义的方式。构成主义是第一次世界大战之后在欧洲兴起的设计和艺术运动，很特别的是构成主义建筑、家具、灯具和其他设计，迄今依然很时髦，也很有功能性，比如包豪斯的设计，好像永远不过时一样，都成为经典了。现代人对于这类设计总是有种特殊的喜好，可能和现代生活节奏有关吧。

汉宁森不仅是丹麦现代设计之父，并且也是丹麦设计思想的核心人物，他是丹麦第一个接受德国等国家现代主义设计思想影响的人，在自己编辑的相当有影响的杂志《批评评论》（*Critical Review*, 丹麦语为 *Kritisk Revy*）上提出对丹麦现代设计的原则的主张：丹麦设计应该是为丹麦社会、经济、技术服务，为促进现代化的文化而服务的。他的主张具有明确的社会目的性，具有明确的经济目的性，从而打破了现代设计早期那种精英文化的局限，走向市民文化方向，设计是为全民的，不是为少数权贵的，这是丹麦设计，乃至整个斯堪的纳维亚设计最突出的意识形态要点。

现在国内在室内设计上风行炫耀，有些甚至炫耀得相当过分。长久没有足够的私人空间，一旦拥有，很想夸耀一下，也是人之常情。这个阶段很快会过去的，家是住的，不是展览馆或者橱窗；家具的选择，灯具的选择，好用、好看、稳健、非主题性，是大家会越来越注意到的要点。丹麦的设计、汉宁森的设计，给我们好多启示呢！

10 张力杆落地灯
——传奇大师的小设计

张力杆落地灯

说到美国的现代工业设计，有一个人物是不能不提的——雷蒙德·罗维（Raymond Loewy，1893—1986），这位在 1919 年从巴黎来到纽约的法国青年，以"流线型设计之父"（Father of Streamlining）的身份，登上了 1949 年 10 月 31 日出版的《时代周刊》封面。

1893 年，罗维在巴黎出生，父亲是一位来自奥地利的犹太记者，母亲是法国人。罗维从小喜欢摆弄各种器械，15 岁的时候，他设计的飞机模型就在竞赛中获奖，富有商业头脑的他在第二年便将这架命名为"Ayrel"的模型飞机销售了出去。

第一次世界大战期间，罗维参加了法国军队，他曾在战争中受伤，并获得十字勋章。复员后，罗维登上了开往纽约的轮船，奔赴新大陆。起初，他为梅西（Macy's）等大百货公司设计橱窗，并为《时尚》（Vogue）、《哈泼斯巴莎》（Harper's Bazaar）等时尚杂志画时装插图。1929 年，他为

雷蒙德·罗维（Raymond Loewy, 1893—1986）

Gestetner 公司重新设计了复印机，获得很大成功，也从此奠定了他作为工业设计师的地位。

之后，他的设计潜能像火山爆发一样喷薄而出：他为西屋公司（Westinghouse）设计电器，为西尔斯—罗伊巴克公司（Sears-Roebuck）设计电冰箱，为壳牌公司（Shell）设计企业标志，为可口可乐设计贩售机，为宾夕法尼亚铁道公司（Pennsylvania Railroad）设计机车以及车厢室内，为斯塔德巴克公司（Studebaker）设计汽车，为美国总统的座机"空中一号"设计内舱，甚至为美国国家航空航天局（NASA）设计空中实验室的内舱……所以人们常说，不要问罗维设计了什么，他的设计作品太多了，数都数不过来，反倒是寻求"什么是他没有设计过的"恐怕还容易获得答案一些。在美国公众生活的方方面面，都留下了他的设计笔墨，因而，这位留着精致小胡子，穿着剪裁合身的定制西装，说一口带着柔和法国腔调的流利英语的设计传奇，成为"塑造美国的人"（The Man who shaped America）。

相比起机车、飞机、航天器而言，一盏落地灯实在是个很小的项目，然而，从这个小项目中，人们也可以一窥"好用、好看"这一罗维设计的特点。

这盏"张力杆落地灯"（Tension Pole Floor Lamp）是罗维在 20 世纪 60 年代，为芝加哥的灯具公司 Stiffel 设计的。构造并不复杂——一根杆、三盏灯，外加一个圆形的小搁板，灯杆的两端各有一个小吸盘，一头吸住地板，另一头吸住天花板。巧妙之处在于杆的顶端装有弹簧，可以紧紧地抵住天花板，利用所产生的弹性张力，维持灯具的稳定。三盏灯可以自由扭动，保证达到用户所需要的照明效果。圆形小搁板可以用来随手放些小物件，茶杯啊、纸笔啊、书本啊、烟灰缸啊。当然，若无需要，这块搁板也可以不装上去。即便是一个"小设计"，大师的周全考虑也是面面俱到、绝不马虎呢。

11 "火山岩灯"
——灯具、玩具、室内摆件

在美国，不少人家的起居室里，一些公司的会议室或办公室里，常可以看见一盏有趣的灯——里面盛着些发光的黏稠液体，这种液体看上去比较凝重，翻腾滚动的样子有点像火山爆发前的火山岩浆。这盏灯既有照明功能，也是一个动态的艺术摆件。很多人喜欢它，走过的时候忍不住会伸手去摇一摇，兼有"玩具"的功能。一盏灯可以派上这么多的用场，倒是不多见。

这盏灯叫作"火山岩灯"，它的英文名字是"Lava Lamp"，英语中"lava"就是火山岩的意思。之所以起一个这么奇怪的名字，是因为灯的特别设计使得里面流

"玩具"火山岩灯

动的液体有一种火山岩浆翻腾滚动的感觉。这盏灯的设计者叫作爱德华·克拉文·沃尔克（Edward Craven-Walker, 1918—2000），他并不是专业设计师，甚至与设计几乎没有

火山岩灯

关系。这位英国会计师在 1963 年根据油水不融合的特点，用一个造型特别的玻璃瓶装了透明的染成蓝色的水、加入有色的液态石蜡，开灯后，石蜡受到电灯散发出来的热量的刺激，就在蓝色的液体中翻滚起来了。整个灯管好像火山岩浆的喷口，而石蜡就像是喷出的熔化状岩浆。坐在家里欣赏灯里面火山岩浆迸发的景象，颇有趣味。而爱德华的设计，灯具形状多种多样，里面装的液体、石蜡的色彩也各有不同，选择颇多，产品一经推出，在市场上就很受消费者欢迎。

大家知道，一般台灯用的是标准白炽灯泡或者日光灯管，开始的时候，"火山岩灯"就是用的普通灯泡。但是几年之后，出现了更加具有戏剧化效果的新配方。1968 年，美国有一个发明专利，在水中加上透明、半透明、不透明的矿物油料混合，再加上液态的石蜡（paraffin wax）、四氯化碳（carbon tetrachloride）做灯具用。与最早的设计相比，这个新配方更加有娱乐效果，但是在 1970 年因为担心会有毒性物质泄漏而被美国联邦政府禁止了。不过爱德华之后重新组合了配方，现在就相当安全了。"火山岩灯"的水和矿物油都经过染色，液态石蜡也经过染色，因为石蜡的密度较小，因此浮在水面，

爱德华·克拉文·沃尔克（Edward Craven-Walker, 1918—2000）

四氯化碳比较重，又不易燃，很安全稳定，就沉在下面，电灯泡热了以后，这几种溶剂搅和翻腾，石蜡在水中滚动，浮到水面冷却之后又会落到底部，加热之后再升腾上去，三种液体浓度、密度、受热反应程度不同，因此灯瓶里就变化多端了。在灯瓶底部有一圈金属丝，用来搅开成团沉淀到瓶底的石蜡、四氯化碳液体，使之在起降过程中更加破碎而好看。我这里说的仅仅是已经公开的基本原理，具体的产品内的液体配方，厂商还保着密呢。

这种灯具的灯泡一般是 25 瓦到 40 瓦的，开灯之后，大概需要 45 分钟到 60 分钟才能使得石蜡够热而开始升腾。在一个安静的房间里面，看着灯具里面的"火山岩浆"慢慢升腾，本身就是很开心的事，也是现代设计中很少见的具有动态表演功能的产品。

爱德华·克拉文·沃尔克的本职工作是会计师，据说最早是从家里的一个用鸡尾酒混合器改装的鸡蛋搅拌器得到启发，而产生这个设计概念的。1963 年他设计出这个灯具，并给它取名为"阿斯特罗灯"（the Lamp Astro），并在 1965 年用"展示器具"（Display Device）的名义在美国申请了专利，专利号是：Utility Patent 3387396。他很有商业头脑，取得专利后，便将这盏灯送到 1965 年在布鲁塞尔举办的世界博览会上展出，引起国际市场的关注，其中有位美国企业家阿道夫·沃斯迈（Adolph Wertheimer）和他的合伙人威廉·鲁宾斯坦（William M.Rubinstein）向设计师购买了在美国的生产和销售权，为这盏灯起了个新的名字"火山岩灯"，还专门成立了"火山岩企业公司"（Lava Manufacturing Corporation），工厂设在芝加哥，于 1968 年正式大批量生产，在市场上获得很大成功，在当时有"反文化"倾向的年轻人中尤其受到欢迎。

爱德华·克拉文·沃尔克仅将在美国的制造和销售权限出售了，自己则控制着美国之外的制作和销售权。借着这盏灯在美国市场上大获成功的东风，他在 20 世纪 90 年代与人合伙在英国开厂制作，也销售得很好。这盏灯虽然在市场上也经历过沉浮起伏，但却变得越来越流行，不仅今日的美国大学学生宿舍里就点亮着这盏有趣的灯，而且不少影视作品里面还将它用来作为道具。可算是我见过的最有趣的一盏台灯了。

12 涅索台灯（NESSO)
——好一朵橘红色的大蘑菇

这盏台灯一经点亮，就像一个橘红色的大蘑菇，周围环绕着一圈神秘而温暖的光环，看上去很有艺术感，却又是一件非常现代的工业产品。这种集个人艺术感和工业批量化特点于一身的作品，几乎多为意大利设计师的作品。这盏名叫"NESSO"的蘑菇状台灯，是一个很好的设计经典范例。

产品设计中，一直存在着高度理性的标准工业化和相当感性的个人消费化两条不同的路线，

蘑菇台灯

德国产品是前者的代表，意大利设计则是后者中的翘楚。从 20 世纪五六十年代开始，直到现在，意大利的设计作品总是有着这样一种强烈的、毫不掩饰的商业消费倾向，有

蘑菇台灯的发光装置

浓郁的个人表现的手法、与众不同的思路和讲究稳重、理性、工业感的德国产品大相径庭。

意大利设计的这个特点早在20世纪五六十年代已经初露头角，并且在世界设计中异军突起，成为一个极具特色的设计中心。意大利的设计特色，成为它们在激烈的国际商业竞争中能够取得傲人成就的重要原因。意大利设计，一方面注重新材料、新技术的应用，同时也注意到保存手工艺的传统，设计师在设计创作中，注重本身艺术气质的充分表现，这几方面的同步发展，使得二战之后，意大利设计得到很大的提高，名扬四海。1955年到1965年，意大利设计遵循新现代主义消费美学（Neo-Modern aesthetic of consumption），创造出自己的独特风格。这种新的意大利风格在国际市场上从20世纪50年代开始获得成功，突破了当时在家用产品中居于领导地位的斯堪的纳维亚风格的垄断，成为20世纪60年代消费产品的主要设计风格之一。这种新风格，其实表明意大利设计开始摆脱原来对于传统风格的简单继承，给予设计师更多的自我发挥的空间，开始向当代设计转化。到20世纪80年代，意大利的"激进主义"设计更加强势。而进入21世纪之后，这种当时的流行风格又用现代主义怀旧的方式重新流行，成为当代时尚风格的源流之一。设计风格能够这样一而再、再而三地复兴，放眼看去，意大利真是有点独一无二了。

如果从设计潮流的角度来看，可以了解到，20世纪五六十年代欧洲的设计其实泾渭分明地分成以德国、荷兰等国带领的功能主义、理性主义和意大利的人情主义、商业趣味性两个不同的派系。从意识形态上来看，德国代表的是战后的新民主主义思想，设计走标准化批量生产的道路，主要强调统一、规范、标准、民主和无差异化。而意大利

意大利设计师　吉安卡罗·玛提奥利（Giancarlo Mattioli，1933— ）

则代表了设计上的商业主义、资本主义市场化的趋向，更加突出个人、变异、色彩、强烈的差异变化。这与德国和意大利两个国家的不同社会背景，不同经济背景，不同的技术背景和人文背景是密切相关的。

20 世纪 60 年代是塑料的黄金时期，个性强烈的意大利塑料制品在全世界非常突出，意大利在这个时期涌现出一批非常杰出的设计师，把塑料材料、塑料加工技术运用得出神入化，创作了很多经典产品，蘑菇台灯就是其中一个很突出的代表作。

这盏灯是意大利设计师吉安卡罗·玛提奥利（Giancarlo Mattioli，1933—）设计的，由意大利著名的塑料公司阿特米德（Artemide）出品。玛提奥利生于 1933 年，是在 20 世纪五六十年代非常出名的产品设计师，最著名的设计作品就是他在 1965 年为阿特米德公司设计的这盏涅索台灯。这盏塑料台灯外形好像一个神话中的巨大蘑菇，有红色、橘红色、白色等多种色彩，高 33.02 厘米，直径则是 53.54 厘米。1965 年的米兰设计展上，陈列在阿特米德公司—多姆斯设计展台（Concorso Studio Artemide / Domus nel 1965 a Milano）上的这盏灯，第一次和消费者见面，立即引起广泛注意，订货单络绎不绝，后于 1967 年正式推向市场，在整个西方消费世界畅销。

涅索灯选用的材料是抗高温的注塑 ABS 塑料（ABS thermoplastic），ABS 塑料是五大合成树脂之一，其抗冲击性、耐热性、耐化学药品性，以及电气性能优良，而且具有良好的加工性能，可以使用注塑机、挤出机等塑料成型设备进行注塑、挤塑、吹塑、压延、层合、热成型。同时其制成品的尺寸稳定，而且表面光洁度较高，因而在 20 世纪 60 年代大行其道。吉安卡罗·玛提奥利充分利用了 ABS 塑料的特性设计的涅索台灯既现代、又有趣，还具有良好的功能，成为意大利设计的一个代表作品。国际设计界对此赞赏有加，纽约现代艺术博物馆（MoMA）、纽约的大都会博物馆（the Metropolitan Museum of Art）、耶路撒冷的以色列博物馆（Israel Museum）、米兰三年展博物馆（Museo del Design Italiano, Milan Triennale）均相继收藏，这件作品已经成为 20 世纪工业产品设计的重要经典了。

13 史努比灯
——通俗文化的跨界设计

设计中很有意思的一种创意方式，就是把通俗文化、大众文化的主题和产品联系起来设计。通俗文化大家都熟悉，用到产品上，很容易引发联想。既是用品，又有通俗文化的含义，想想都很有趣。不过因为"跨界"，跨越文化和产品的界限，要做好还真不容易。这种动机的设计案例中，我看意大利设计师卡斯提格利奥尼兄弟设计的"史努比"台灯（Snoopy Table Lamp, 1967），算得上是一个很成功的经典例子。

史努比灯

"史努比"，是美国连环漫画《花生》（*Peanuts*）中一条小狗的名字，那条狗就像个天真烂漫的孩子一样，喜欢幻想、活泼好动、经常忘记了自己是条狗，总想和它的小主人平起平坐，可爱得很，在美国和西方很多国家，是个家喻户晓的角色。这个形象的创作者是美国漫画家查尔斯·舒尔茨（Charles M.Schulz, 1922—2000），史努比是《花生》的主人翁查理·布朗（Charlie Brown）养的一只黑白花的小猎兔犬，不过它老是记不住自己主人的名字。史努比 1950 年 10 月 4 日正式出场，天性活泼、无所不能，最大的兴趣居然是写小说，不过他寄给出版社的稿每次都被退回。这条小狗喜欢吃比萨、饼干及冰淇淋，常常仰面朝天，躺在狗屋的屋顶上，闭目神思，不断地幻想着自己变成各式各样的角色：律师、运动选手、酷哥乔（Joe Cool）、外科医生……有时还变成第一次世界大战的轰炸王，它经常想象自己参与了第一次世界大战的空战，跟德国最牛的王牌飞行员、外号叫"红男爵"的佛里德曼·冯·里希特霍芬（Manfred Albrecht Freiherr von Richthofen, 1892—1918）对战，现在有款电脑射击游戏就叫作"史努比大战红男爵"。它喜欢掺和别人的事情，还总是陶醉在自己的幻想世界里，可以说是一条不太像狗的小猎犬。它最讨厌的是隔壁的猫，最好的朋友是一只不会说话、跟朋友走散的候鸟"糊涂塌克"（Woodstock），史努比还很喜欢跟兔子们在一起玩。

舒尔茨的《花生》系列漫画前后出版发行了 50 多年，高峰的时候，每天用 21 种语言出现在 75 个国家的 2600 多份报刊杂志上，获奖无数，影响深远。史努比自从问世以来，就成为了美国通俗文化的象征之一，以它的形象制作的玩具、用品，出版的漫画、书籍层出不穷，在美国人（尤其是美国孩子）的日常生活中，可说是无处不在。

这条漫画中的小狗怎么又变成一盏灯了呢？这就要归功于意大利著名的设计师阿契勒尔·卡斯提格利奥尼（Achille Castiglioni, 1918—2002）和他的哥哥皮尔·吉奥科莫·卡斯提格利奥尼（Pier Giacomo Castiglioni, 1913—1968）了。卡斯提格里奥尼三兄弟是意大利现代设计的重要奠基人，其中阿契勒尔和皮尔经常合作设计，而大哥李维奥（Livio Castiglioni, 1911—1979）则从 1952 年开始就离开弟弟们单干了。在 20 世纪 50 年代至 60 年代，意大利现代设计已经从战后重建的困境中脱颖而出，成为世界设计中的一支劲旅，而卡斯提格利奥尼三兄弟，则是这支劲旅中冲锋陷阵的旗手。从"反主流"文化角度切入，他们设计了很多具有讽刺美国文化意味的作品，也设计了许多非传统的作品。比如拿自行车座设计的电话椅子，拿拖拉机座设计的凳子，创意新颖、异想天开。这个史努比台灯就是这类作品中广受注

意大利设计师 阿契勒尔·卡斯提格利奥尼（Achille Castiglioni,1918—2002）

意和欢迎的一个，这几件作品都成了那个时代产品设计的经典。

他们兄弟设计的著名作品还有"斯巴特"吸尘器（"Spalter" vacuum clearner，1956），是由兰姆（Rem）公司生产的，红色的塑料外壳，用皮带背在身上使用；减少主义的灯具（"Luminator" 1955）和"灯泡"（Bulb，1957），其突出的不仅是电灯泡，也是惊世骇俗的设计理念。1957 年，他们在科莫的奥尔莫厅（Villa Olmo）举办了自己的设计展，叫作"我们今日家居的形式和色彩"（意大利文是：Forme e Colori nella Casa d'Oggi，英语翻译是：Shapes and Colours in Today's Home），展出的作品都是用现成的构件拼装而做成的新家居用品。1962 年，他们设计的大型落地灯具"艾尔科"（Arco，就是人们常常说到的"钓鱼灯"），用长达 244 厘米的弯曲金属悬臂吊起灯罩，是室内灯具的一种崭新的概念，轰动了设计界，并一直生产至今。

1967 年，他们推出这个"史努比"灯具，完全是受到卡通漫画中这个小狗角色的启发设计出来的。灰白色的大理石底座是一截略微倾斜的圆柱体，远远看去有点像是史努比短短的腿，上面顶着蛋形的黑色玻璃罩，形式上很有史努比的神韵。良好的功能和有趣的通俗文化内容，还含着一丝对美国通俗文化的调侃，我第一次看到这个灯具的时候，硬是忍不住笑出声来。这样让人忍俊不禁的设计，在现代设计中真是很少见呢！好像也只有意大利设计师们在这方面做得最有心得了。

史努比灯具引起很多人对设计动机的好奇，卡斯提格利奥尼在回答这个问题的时候，说自己的设计方法是"要保持一个恒定的、始终如一的设计方法，而不是仅仅追求时尚风格而已"（to have a constant and consistent way of designing, not a style）。他们的稳定的、始终如一的设计方法，是一种既实用、现代，又具有调侃、挪揄的方式，我们在史努比灯上看到的就是这种方法的淋漓尽致的表现了。

14 月食灯
—— 另辟蹊径的答案

解决问题，是设计工作的主要目的之一。"如何在不关灯的情况下，将我的床头灯光线调暗？"这个在今天看来不成问题的问题，在微型调光器尚未发明出来的20世纪60年代，还真成了一个令设计师挠头的问题。意大利设计师维科·玛格斯特里提（Vico Magistretti,1920—2006）对此给出了一个精彩的答案，那就是他在1967年为意大利灯具公司阿特姆黛（Artemdie）设计的月食灯（Eclisse light）。

月食灯

"月食灯"的造型非常简单，三个部件都采用了最基本的几何形体——标准球形。底座是一个半球，内外两个灯罩则是同心，但半径大小不一，并切去了一部分的球壳，灯的开关安装在拉出的电线上。这盏灯的巧妙之处在于：内罩底下安装着一个转环，用手轻轻拨动，内罩便可缓缓转动。当内罩与外罩的切面重合时，灯泡的光线经由内罩全部向外反射出来，灯光最亮；当内罩与外罩的切面错位的时候，反射出来的光线部分被内罩挡住了，灯光就变得暗淡，挡住的部分越多，灯光就越暗；当内罩转到将外罩的切面完全挡住的时候，灯光线就射不出来了，只剩下球形灯罩外面一层美丽的光晕。这个过程，与月食有几分相似，所以被叫作"月食灯"。这盏灯的奥妙之处在于内罩的转动，而球形正是最适合转动的形体，这盏 "月食灯" 实在是"形式追随功能"（Form follows Function）这条现代主义设计原则的一个极好的例证，它还荣获了当年的"金罗盘" 设计大奖。

维科·玛格斯特里提是意大利设计的标杆性人物，在建筑、家具和灯具等设计领域里，多有建树。玛格斯特里提于 1920 年出生在米兰，父亲是一位建筑师，他长大后，很自然地进入米兰理工大学建筑系学习。"二战"爆发后，他中断了学习，去了中立国瑞士，在那里师从也因躲避战乱而来到瑞士的意大利建筑师恩涅斯托·N·罗杰斯（Ernesto Nathan Rogers，1909—1969），罗杰斯强烈的人文主义思想，给玛格斯特里提留下深刻印象，"以人为本"成为他从事设计的信条。战争结束后，他回到意大利，重新进入米兰理工大学，完成了学业。毕业后，玛格斯特里提先在父亲的事务所工作了一段时间，但是从 20 世纪 50 年代中期起，他的兴趣逐步转向了批量化生产的家具和灯具的设计。"月食灯"是他在灯具设计方面第一个具有国际影响的作品，是他的职业生涯中重要的里程碑。

作为一位自由职业的设计师，玛格斯特里提一直与一些具有国际声望的企业合作，例如意大利的高端家具公司卡西那（Cassina）、精品厨具公司斯琪佛尼（Schiffini），以及美国家具巨头诺尔（ Knoll）等。在他和其他一些意大利设计师的努力下，意大利设计在 20 世纪 60 年代异军突起，成为国际现代设计的一支重要力量，米兰也成了意大利乃至欧洲的设计中心。玛格斯特里提认为，设计师必须能为具体问题找出实用的解决

意大利设计师　维科·玛格斯特里提（Vico Magistretti，1920—2006）

方法，并且通过将日新月异的科学技术与符合大众品味的美学因素结合起来，再加上优良的材料品质、精细的加工质量，才能设计出一件可以拥有漫长生命周期的产品来。他设计的灯具和家具，总是具有外形美丽，使用功能良好的特点。正因为如此，他的作品已经成为纽约现代艺术博物馆（MoMA）等世界主流设计博物馆的珍贵藏品。我们知道，纽约现代艺术博物馆早在 1932 年，就首先成立了建筑和设计策划部，向全世界介绍和推广好的设计。除了举办各种设计专题展（如意大利设计作品展——新的地平线）、设计师个人展之外，还复制一些精选的经典设计作品在博物馆的商店出售，下次有机会到纽约的时候，不要忘了将这盏经典的"月食灯"带回家啊。

15 AM1N 台灯
——"重出江湖"的大师之作

这盏 AM1N 台灯，是意大利设计师
佛朗科·阿尔比尼（Franco Albini, 1905—
1977）和佛兰卡·赫尔格（Franca Helg,
1920—1989）在 1969 年设计的 AM/AS 灯
具系列中的一盏，最初的生产厂家是意大
利的萨拉赫公司（Sirrah）。

明显带有"装饰艺术"（Art Deco）风
格的影响，在碟状灯座的中央，是一根闪
闪发亮的镀铬灯杆，白色的蛋白石玻璃灯
罩好像一朵"蘑菇云"，从光滑的灯杆中
悠然"冒"了出来，让人联想起当年那个"原
子时代"。灯罩的顶部有一个圆形的开口，
便于散热和更换灯泡，在灯线上还有一个可
以控制灯光强度的调光器。由于设计细节

AM1N 台灯

展出中的 AM1N 台灯

的完美和加工质量的精良，虽然明显地带有 20 世纪六七十年代的时代印记，但这盏灯优雅绰约的身姿、柔和明亮的光线，依然与当代的时尚室内非常般配。

佛朗科·阿尔比尼是意大利新理性主义的建筑师、设计师和设计教育家。他出生在米兰附近的罗碧亚特（Robbiate），1929 年毕业于米兰理工学院（Politecnico di Milano）建筑专业。还在学习期间，他已经开始在意大利现代设计老前辈吉奥·庞蒂（Gio Ponti, 1891—1979）的事务所参加设计工作，庞蒂作品中表现出来的"装饰艺术"（Art Deco）风格特征，给他留下了深刻的印象。1931 年阿尔比尼在米兰开设了自己的设计事务所，当时主要是从事室内设计和装饰。二次大战结束后，阿尔比尼开始从事建筑和产品的设计。

阿尔比尼的设计作品，外观上都很现代，很时尚，但实际上他非常留意将意大利传统的精湛手工技艺与全新的现代主义形式结合起来，注重设计的个性表现，严格把控历史风格的特征细节。他总是尽量采用天然的、经济实惠的材料，尽量在他设计的建筑、家具和灯具中采用一些手工艺的因素，这盏 AM1N 台灯的玻璃灯罩，就是用传统玻璃加工方式手工吹制的。他擅长以极简主义的美学观念设计出优雅、现代的产品来，因而，他的设计作品总是显得既新奇，又带有某种熟悉的气质。他设计的"阿尔比尼书桌"

意大利设计师　佛朗科·阿尔比尼（Franco Albini，1905—1977）

（Albini Desk, 1928）、"伽拉椅子"（Gala Chair, 1950）、"费奥伦扎扶手椅"（Fiorenza Armchair, 1952）、"摇椅"（Rockingchaise, 1956）等，都是非常精彩的作品，广受好评。他曾先后在 1955 年、1958 年、1964 年 三次获得"金罗盘"设计大奖。

佛兰卡·赫尔格是阿尔比尼的学妹，1945 年毕业于米兰理工学院，她从 1951 年开始加入阿尔比尼的团队，从事建筑和产品设计，一直是他最重要的工作伴侣，直至他去世。之后，赫尔格主要从事设计教学，先后在威尼斯建筑学院（Universita luav di Venezia）和米兰理工学院任教。

目前在市面上可以买到的 AM1N 台灯，是由意大利著名的灯具公司涅莫（Nemo）生产的。这家公司成立于 1993 年，由佛朗科·卡西那（Franco Cassina）和卡罗·福柯里尼（Carlo Forcolini, 1947—）创办，目前已经在国际灯具界享有很高的声誉。这家公司，不仅致力于生产富于创意的、走在设计前沿的高新灯具，还从 2008 年起，推出了一个名为"大师集锦"（Master Collection）的系列，将那些对现代灯具设计具有重大意义的"老"设计，重新带回现代生活中来。作为意大利设计的"黄金时代"（20 世纪 60 年代至 70 年代）中最重要的设计师之一，佛朗科·阿尔比尼的不少作品，亦被选入。

这真是一个很有意义的尝试。以往，这些非常出色的"老"设计，凝聚了设计大师们多少心血。可是它们之中的大多数，要么被束之高阁，尘封于记忆中；要么只能在拍卖会上惊鸿一瞥，高昂的价格令人望而却步，实在是太可惜了。优秀的设计是经得起时间考验的，我期待着有更多的经典设计作品"重出江湖"，融入到现代人的生活环境中来。

16 伯兹台灯
—— 诠释什么叫作"随心所欲"

这盏台灯不大，乍一看去，也没什么稀奇，然而它的"百变"姿态，绝对让人惊艳——随意用手翻折扭压，它的灯罩可以变成一个"小蘑菇"，又可以变得像是一顶斜戴着的遮阳帽，还可以像一朵朝上绽开的喇叭花，抑或是像一顶扣在头上的鸭舌帽。当然，也可以将它捋直，就成了一盏再正常不过的筒灯。总之，你可以随心所欲地改变它的高度、形状，让灯光从你需要的方向泼洒开来。

这盏好玩的台灯，名字叫作"伯兹"（Birzi table lamp），谁设计的呢？两位意大利设计师卡罗·福柯里尼（Carlo

点亮的伯兹台灯

Forcolini, 1947—　）和吉安卡洛·法西纳（Giancarlo Fassina, 1935—　）。

　　虽然出生于不同年代，但两位设计师都是米兰人，而且都在米兰接受教育：福柯里尼 1969 年毕业于米兰的布里拉艺术学院（Brera Academy of Fine Arts, Milan），法西纳则是从米兰理工学院（Politecnico University in Milan）获得了建筑学位。

　　米兰，是世界知名的时尚大都市，有意大利"设计之都"的美称，世界设计界的几大盛事——米兰时装周、米兰家具大展、米兰三年展都在这里举行。第二次世界大战结束后，风行世界的产品设计风格主要来自美国，新颖、现代；到 20 世纪 50 年代，斯堪的纳维亚风格以其温馨的人情味赢得广泛的欢迎。意大利设计师们经过十多年的努力，以精湛的加工质量、富于变化的外形，在全世界刮起了一股被时髦地称为"Chic"的意大利旋风。而新兴的材料——塑料的出现，更令意大利设计师们如虎添翼，使意大利灯具与意大利家具一样，成为国际市场上一股时尚潮流。

　　1966 年前后，受到国际激进主义运动、英国的"波普设计"运动、美国的大众文化，

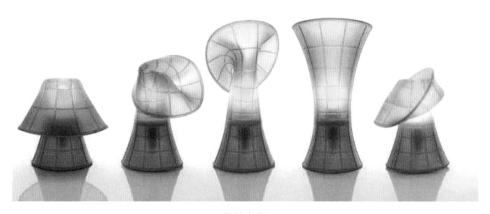

伯兹台灯

意大利设计师　卡罗·福柯里尼（Carlo Forcolini，1947—　）

以及当时刚刚兴起的各类左翼思潮的影响，意大利激进主义设计运动风起云涌，出现了不少以建筑设计为中心的激进设计集团。其中比较重要的有超级工作室（Superstudio）、四 N 集团（Gruppo NNNN）、风暴集团（Gruppo Strum）等。这些集团都是以建筑设计师为主组成，努力探索对于未来世界的非正统化设想，这些设想具有强烈的乌托邦意味，因而大部分作品都只停留在草图、照片拼贴阶段，基本没有什么设计是真正成为建筑事实的。他们宣扬反对正统的国际主义设计，反对现代主义风格，明确宣布要避开"技术品味"（Techno-Chic），也就是流行的国际主义风格，同时也反对大工业化的生产方式；提倡坏品味（Bad Taste），或者任何非正统的风格，鼓吹要另辟蹊径，走不同的选择道路（Alternative Path）。这股具有强烈反叛味道的青年知识分子的乌托邦运动，冲出了建筑领域，在意大利形成了一个全方位的激进设计运动，被笼统称为反设计运动。米兰，这座当时欧洲最具活力的城市、意大利的工业重镇，与都灵一起，成为这股设计浪潮的中心。

　　意大利的激进设计运动在 20 世纪 60 年代末期达到高潮，设计界提出新的理想生活空间、新的生活社区、新的家庭用品、新的家具等，被不少激进设计杂志，比如《IN》《卡萨贝拉》（Casabella）等争相介绍和报道，蔚成风气。这些激进的设计师们反对工业化的、集体的、标准化的、物质主义的设计主流，批判由此产生的非个人倾向和单调面貌，追求自我的、个人的、表现的、精神的设计。希望摆脱这个被认为腐败的丰裕社会，摆脱资本主义的商业主义纠缠，回归自然。

　　伯兹台灯的两位设计师都投入了这股洪流，法西纳更成为激进运动的领军人物之一。他们强调设计的个性化、游戏化，主张产品与使用者之间的互动。由于选用了柔韧程度较高的硅胶材料，使得这盏灯具有很强的可塑性，而且不怕磕、不怕撞。伯兹台灯最初是为 1978 年成立的意大利灯具公司 Luceplan 设计的，目前仍有生产，好的设计真是永不过时啊。

17 阿索卡台灯
"老顽童"的桌上雕塑

这不是一盏通常意义上的台灯，也不是人们一听到"台灯"两个字会联想起来的灯，它更像是一座摆放在桌上的雕塑，而它确确实实是一个"纪念碑"，纪念一位诞生至今已经百年、从未逝去、绝不变老的"老顽童"——意大利设计家艾托尔·索扎斯（Ettore Sottsass，1917—2007）

若要挑选 20 世纪里最具影响力、最不循规蹈矩的设计师，索扎斯绝对名列前

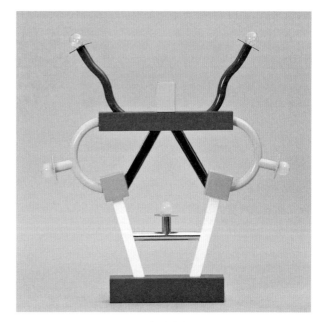

阿索卡台灯

茅。在他的漫长的设计生涯中，他永远在挑战、永远在前进、永不停息。

索扎斯出生在奥地利的因斯布鲁克，在意大利的都灵长大，他的父亲是都灵的

阿索卡台灯使用实景

一位建筑师。索扎斯在都灵理工大学（Politecnico di Torino, Turin）学习建筑，1939 年毕业之后，在父亲的事务所做过一些现代主义风格的建筑设计。后米，他搬去了米兰，1947 年开设了自己的建筑和工业设计事务所。这个时候，他的设计范围已经超出了建筑，扩展到陶瓷、家具、首饰和室内，并且还从事摄影、绘画和雕塑。

1958 年，他担任了意大利著名的打字机和计算器生产厂家奥利维蒂（Olivetti）的设计顾问，参与设计了意大利第一台计算机 Elea 9003 等一系列重要产品，其中最为著名的是他在 1969 年为奥利维蒂设计的"瓦伦丁"便携式打字机（Valentine Typewriter），轻便、靓丽，与其说这是一台办公用具，不如说这是索扎斯的一份"设计宣言"。受到波普艺术和欧洲以外文明的影响、从日常生活中汲取养分，索扎斯将鲜活的色彩与不拘一格的结构结合起来，形成了独特的个人风格。他的这件作品，被公认为 20 世纪产品设计的一块里程碑。

20 世纪 70 年代，激进设计运动在意大利兴起，索扎斯在中间扮演了重要角色：1972 年，他参加了在纽约现代艺术博物馆（MoMA）举办的名为"The New Domestic Landscape"的意大利当代设计展；1973 年至 1975 年，他成为意大利试验性设计教育集团"全球工具"（Global Tools）的中心人物；1976 年至 1980 年，成为激进设计集团"阿基米亚"（Alchimia）的重要成员；1980 年，由索扎斯发起，在米兰成立了后现代设计团体"孟菲斯"（Memphis Group）。

意大利设计师　艾托尔·索扎斯（Ettore Sottsass, 1917—2007）

在所有这些活动中，索扎斯用他那些充满诗意、非正统的设计作品，坚持不懈地对当时的设计主流风格发起进攻。他反对现代主义风格的单调、冷漠，认为设计应该是令人愉悦的、生意盎然的；他不认为"好设计"必须是完美无瑕的，认为设计应该是自由的、有个性的。他不愿意让自己的创意被"形式""功能"所束缚，而希望让每一个设计都成为人性迸发的良机。这盏"阿索卡"台灯（Ashoka table lamp）就是一个绝好的例证。

这盏长得像棵仙人掌的台灯完全颠覆了通常台灯的形状：从一个基座上，对称地伸出色彩鲜艳、形态各异的弯管、方杆，再肆无忌惮地装上 5 个裸露的灯泡。面对着这样一盏非常规的台灯，你会好奇：这么多"张牙舞爪"的部件是怎么平衡的？为什么各处的颜色都不相同？甚至会想想电流是如何经过这 5 个灯泡的？总之，你不会对它视而不见，不会对它无动于衷，你会与它有某种互动和游戏，人和物之间就有了某种关联。

索扎斯喜欢旅行、尊崇不同的历史文化，他在 20 世纪 60 年代的印度之旅，对他后来的设计有很大的影响。他很喜欢用古代的传奇为自己的作品命名，"阿索卡"就是一位古代印度君主的姓氏。

18 超级灯
—— 藏在一个经典背后的故事

　　1981 年，一个惊世骇俗的设计作品展在米兰拉开了帷幕，那是意大利后现代主义设计集团 "孟菲斯" 的第一届展览。展出的各种家具、灯具、日用品，都以当时市场上从未出现过的艳丽色彩、玩世不恭的怪诞造型，令观者瞠目结舌。其中有一盏半月形的、装有六个不同颜色的陶瓷灯头和四个小轮子的"超级灯"（Super Lamp），乍一看去，像是一头微缩型的没有铠甲的剑龙，又像是一条拖动皮带就会乖乖地跟着你走的小狗，十分逗趣，非常惹人喜爱。

　　孟菲斯集团（Memphis Group）

超级灯

点亮的超级灯

是意大利著名设计师艾托尔·索扎斯（Ettorre sottsass）和一批年轻设计师组成的后现代设计团体，主要从事家具、灯具、纺织品、陶瓷和玻璃器皿的设计，以缤纷的色彩、非对称的形式、滑稽夸张的造型为特征，实质上是对于"二战"以后主流设计界崇尚的色彩单调、形式拘谨、单纯强调功能的设计趋势的一种反动。

"超级灯"的设计者玛婷·碧丁（ Martine Bedin, 1957— ）出生在法国波尔多，原先在巴黎学建筑。1978 年，她获得了一笔奖学金和到佛罗伦萨短期学习的机会，于是去了意大利，在那里结识了刚刚兴起的意大利激进设计运动中的一些成员，深受影响。对于一个二十刚出头的年轻设计师来说，意大利激进设计师们的设计理念和设计语汇太有吸引力了，尤其是那些鲜艳夺目的色彩，更令这位生长在地中海边的姑娘感到亲切。1979 年，她在米兰认识了索扎斯，便毫不犹豫地加入了孟菲斯设计团队。

当碧丁回到巴黎时，她的作品中流露出来的激进风格，使她的老师们相当困惑，甚至觉得她太过离经叛道了。但是碧丁并没有放弃，她常常搭乘夜班火车去米兰，不断地

玛婷·碧丁（Martine Bedin，1957— ）

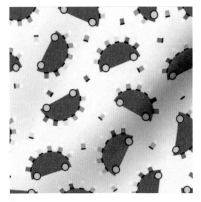

超级灯的形象被用在墙纸和印花布
上，深受大众喜爱

从意大利设计师们那里汲取养分，并且也开始自己尝试用这种新风格做一些设计。

有一天，索扎斯和他的夫人访问巴黎，也去看望了碧丁。当索扎斯看到碧丁在草稿木上绘制的超级灯图形时，深深被这个类似儿童玩具的设计所吸引，不禁大喊了起来："哇，我太喜欢这盏灯了，我们一定要将它做出来！"大感意外的碧丁将那张草图从本子上撕了下来，交给索扎斯说："请您在上面签名吧，这是唯一的办法能使这盏灯制造出来。"她觉得自己这样一个无名之辈，这样一个"不合潮流"的设计，又在这么"正统"的巴黎，基本上不可能获得厂家的接纳。然而索扎斯却摆摆手，说："等等，我们可不是这么干的"而婉谢了。接下来，索扎斯邀请她去米兰，到他的事务所去工作。在索扎斯的帮助下，这盏灯终于在米兰生产出来了，而且是由玛婷碧丁署名。碧丁曾在一篇文章中谈及自己的这个设计，她说："我一直对如何通过结构本身来装饰产品深感兴趣，这盏灯就是利用轮子、灯头、灯泡等结构而达到了装饰目的。"

在第一次展出的时候，超级灯吸引了媒体极大的注意，但是，来自公众的评价则并不全是赞美之辞。不过正如索扎斯后来接受美国《时代》周刊专访时指出的那样："我们以为我们设计的这些产品，会让人们生活得快乐些，社会大众会感到幸福些，可惜，这一切并没有发生。然而，我们却为设计开辟了新的可能性，为什么桌子非要有四条腿？为什么胶合板只能用在厨房而不能用在卧室？我们的设计，为人们观赏新的风景打开了一扇窗户。"

进入 21 世纪后，在一次苏富比拍卖会上，这盏灯的最初估价为 250 美元至 350 美元，而最后的成交价竟高达 11250 美元！是金子，总会发光，好的设计总归会被人们认识、理解和欣赏。

19 海景灯
——远未到终点的航行

说起意大利的"孟菲斯"设计集团，人们都会想到大名鼎鼎的艾尔托·索扎斯，可是千万不要忘了那里还有位不可或缺的"小当家"——米切尔·德·卢奇（Michele de Lucchi，1951— ）。

20 世纪 70 年代，当意大利激进设计运动风起云涌之时，这位大胡子虽然尚不满三十岁，却已是一个响当当的角色，当时声势最大的几个设计集团，如卡瓦特（Cavart）、阿基米亚（Alchimia）和孟菲斯，都留下了他的身影。

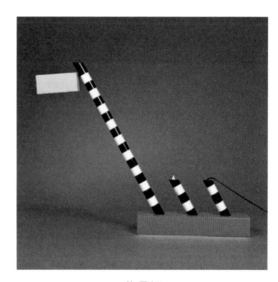

海景灯

而从 20 世纪 70 年代末期开始，卢奇就在索扎斯的工作室（Sottsass Associati）里，与这位著名的意大利设计师并肩战斗，他设计的灯具和家具，例如 1978 年设计的辛纳皮卡灯（Sinerpica Lamp），已经具有浓重的后现代色彩了。

1981 年 12 月的一个晚上，当时已经六十多岁的索扎斯，将卢奇等一班年轻设计师邀请到他家里，商谈如何设计一批家具去参加第二年的米兰家具大展。那时，单调干涩的现代主义风格已经占据世界设计主导地位几十年了，这次集会，实际上是对这种主流设计风格的一次抗议。房间里的留声机上正播放着鲍勃·迪伦（Bob Dylan，1941— ）的一支名曲《再次沉浸在孟菲斯的蓝调中》（*Stuck Inside of Mobile with the Memphis Blues Again*），但不知道唱针出了什么问题，只有最后一句歌词中的 "Memphis Blue Again" 三个单词一再重复，萦绕不绝。于是，他们就干脆将自己这个设计团体的名字叫作"孟菲斯"了。

从装饰艺术（Art Deco）、波普艺术（Pop Art）、未来主义（Futurism）等过往的艺术和设计运动中汲取养分，再融入后现代主义的理论，孟菲斯成为 20 世纪 80 年代重要的文化现象，在国际设计界掀起了一场创造力和商业逻辑的革命。生机勃勃、闪闪发亮、理直气壮地奢华媚俗……孟菲斯的这些特点恰恰是现代主义风格所不具备的。虽然阿基米亚工作室也做过同样的探索，甚至更早一些，但只是限于设计圈内，只有设计行家们感受到了。而孟菲斯成功的秘诀，则是要在市场上风骚登场、掀起风暴。

孟菲斯集团创作的家具、灯具，参加了 1982 年的米兰家具大展，立即造成轰动。索扎斯不愧是设计市场上的老手了，他带领着年轻的队友们，在米兰家具大展的开幕酒会上，在等候入场的长长人龙面前，摆好姿势，拍了一张好像圈在拳击场地里的照片，第二天就被世界各国的新闻媒体争相刊载。相片中，卢奇正坐在索扎斯身旁，而他设计的"海景灯"等作品，是孟菲斯第一次展览中的重要展品。

这盏"海景灯"（Oceanic Lamp），将一长两短的三根细钢管，涂上了黑白相间的细条纹，装在一个粉红色的长方体基座上，很容易让人联想起船上的桅杆和烟囱来。强烈对比的色彩、出人意料的造型，透着一股游戏人间的淘气劲，叫人看着忍俊不禁，立马想动手按按两个"小烟囱"上的旋钮。这盏灯，当时成了畅销品，现在在拍卖市场上售价为 1500 美元。

卢奇看来对海洋情有独钟，就在孟菲斯的第一次展览上，他推出了海洋主题的三件产品，除了"海景灯"之外，还有名为"太平洋" 的一个小衣橱（Pacific armoire）和

米切尔·德·卢奇（Michele de Lucchi，1951—　）

一个名为"大西洋"的组合架（Atlantic shelving unit）。海洋，也是孟菲斯早期作品中常见的设计主题。

随着后现代主义思潮的退潮，孟菲斯也在 1985 年解散了。设计的钟摆离开了趣味和游戏，又摆向理性主义的克制和收敛一边。但是孟菲斯的传说从未远去，就像一条远未到终点的航船，每一声汽笛，依然在海面上激荡回响，孟菲斯也仍然以巨大的影响力，启发着当今的设计界。没有孟菲斯，很难想象诸如菲利普·斯塔克（Philippe Starck, 1949—　）等晚一辈的设计明星能够这么快速地蹿升。就连最"死硬派"的极简主义者加斯柏·莫里森（Jasper Morrison, 1955—　），虽然他绝对不会采用孟菲斯的设计手法，但是他也坦承，正是孟菲斯让他懂得了设计概念的重要性。

近来，孟菲斯作品已经不仅是出现在各大拍卖会场上，而是实实在在地影响着当代设计了。从米兰家具大展展出的马歇尔·万德斯（Marcel Wanders, 1963—　）那个超大尺寸的陶瓷装饰吊钟，从伦敦"设计师街区"（Designer Block）上展出的卡伦雷恩（Karen Ryan）的灯上那些光怪陆离的图案，人们都可以真真切切地感受到孟菲斯的回归。目前的设计界，正在经历又一个变革的循环，超级品牌那种丝光水滑的新浪漫主义的完美精致，刚进入 21 世纪的时候备受推崇，但现在则正在经受挑战。

荷兰设计师乔伯·斯密茨（Job Smeets, 1969—）就是这批新一代的挑战者中的一个，他的作品正在纽约著名的"莫斯设计商店"的橱窗里享受着众人投来的艳羡的目光，而这些产品正是受孟菲斯的启发而创作出来的。斯密茨说："每当我打开老旧的《多姆斯》（Domus）杂志，看到上面刊载的索扎斯和门迪尼的设计作品，他们看上去是那么富于情感、充满了表现力。这些人怎么会想得出那么疯狂的形状来的呢？"的确，设计除了理性，也需要感性，除了功能，还需要表现力，年轻一代设计师们，应该可以从孟菲斯获得灵感和启示。

20 碎纸灯
——又是灯具又是艺术品

德文中的"Zettelz"是"碎纸"（piece of pape）或"碎纸拼贴"的意思，用这个概念来设计一款灯具，将碎纸片似的玻璃、塑料，或者纸的反光片用悬吊的方式组合成一个立体构成，灯光经过碎片化的多次反射，产生了一种星光闪烁般非常戏剧化的照明效果，既有照明功能，又营造出特殊的气氛来。既是灯具，亦是一种室内艺术装置。我第一次看到这盏灯是在柏林的一个餐厅里，很喜欢，便去打听，知道是德国设计师英格·毛雷尔（Ingo Maurer，1932—）在1997年设计的。毛雷尔专门从事各种灯具的设计，在照明设计领域里很有影响。这个作品在美国的设计商店有售，价格大概在700美元左右。

毛雷尔出身于一个渔民家庭，家在康斯

碎纸灯

坦斯湖中间的一个小岛上，小时候在印刷厂打工做学徒，工作就是排字。他长大之后到慕尼黑学校学习平面设计，1960 年离开德国去美国，在纽约和旧金山深造平面设计，并且开始做自由撰稿的设计师。1963 年回到德国，自己开设了名为"Design M"的设计工作室，主要做灯具设计。这个工作室后来成为正式的灯具研发公司，叫作"英格毛雷尔公司"（Ingo Maurer GmbH），1966 年设计了第一款灯具，叫作"灯泡"（Bulb），因为设计突出，当年就被纽约的现代艺术博物馆（the Museum of Modern Art）收藏为永久性展品。这一步奠定了他在设计界的地位。

1984 年，毛雷尔设计了一个低压的灯具系统，叫作"亚亚霍"（YaYaHo），由两根横置的金属索加上一些氦灯泡组成，灯泡的数量和吊挂的位置可以随意调整，星星点点的小光源显得很随意，亦很有趣味性，具有强烈的装置艺术的特点。推出后不久，法国巴黎的蓬皮杜艺术中心邀请他举办了一个用"亚亚霍"灯具组合做装置的展览，展览名叫"光线我想你"（Lumieres je pense a vous），这个展览非常成功，之后又受邀在罗马的美第奇宫（the Villa Medici in Rome）、巴黎的法兰西建筑学院（the Institut Francais d'Architecture in Paris）等地多次展出，广受好评。

1989 年，卡地亚当代艺术基金会（Fondation Cartier pour l'Art Contemporain）在巴黎西南郊区的卓伊（Jouy-en-Josas）社区，举办了题为"英格·毛雷尔：光线的随机反射"（Ingo Maurer: Light Chance Reflection）的个展，展出了毛雷尔设计的一系列灯具。由于这批灯具单纯为艺术展览而创作，不考虑批量生产的目的，因此具有更加强烈的艺术性。

在那之后，他的设计在许许多多的展览上展出，包括 1993 年在阿姆斯特丹的斯泰德里克博物馆（the Stedelijk Museum in Amsterdam）、2002 年在德国最前卫的维特拉设计博物馆（the Vitra Design Museum）等。维特拉的展览名字叫作"英格·毛雷尔：光线·到达月球"（Ingo Maurer：Light-Reaching for the Moon），这个展览后来延伸为循环展，在欧洲、日本多地展出。2007 年他的作品在纽约的库伯·赫维特国家设计博物馆（the Cooper-Hewitt National Design Museum in New York）展出，"刺激魔幻——

德国设计师　英格·毛雷尔（Ingo Maurer，1932—　）

英格·毛雷尔的光线"（Provoking Magic: Lighting of Ingo Maurer）。

除了设计灯具之外，毛雷尔还设计了许多公共场所的灯光装置。他在 1998 年为慕尼黑地铁的威斯特弗兰霍夫站（Westfriedhof subway station）设计的灯具装置，非常壮观；2009 年设计的佛来海特地铁车站（Muenchner Freiheit subway station）的灯光装置，更是好评如潮； 1999 年他给日本时装大师三宅一生（Issey Miyake, 1938—　 ）设计了 12 月份的时装大展的灯光造型，获得全场喝彩；2006 年他在比利时布鲁塞尔的原子宫（the Atomium the Brussels）设计的光线装置，也成为艺术界重大的事件。

一个好的灯具设计，不仅仅是灯具，而且是一件光线组成的艺术品，毛雷尔的作品就达到了这样的高度，具有很大的收藏潜力。

21 数码灯
——来自法国的泡泡高手

近年来，法国产品设计师在各个国际性的设计展览上很是抢眼，比如 1999 年米兰举办的"聚变"（Fusion）展览、2001 年在米兰、巴黎、纽约、东京举办的"裂变"（Smash）巡回展览上，都出现了一些出类拔萃的法国设计师的身影。"泡泡高手"伊曼纽尔·巴布尔德（Emmanuel Babled，1967—）就是其中一位。

1967 年出生的巴布尔德，1989 年毕业于米兰的欧洲设计学院（European Institute of Design in Milan），1992 年在米兰成立了自己的设计工作室（Studio Babled）。他设计的家庭用品已经多次

数码灯

在欧洲、北美洲和亚洲举办过个人设计展了，这在他这个年龄层的设计师中，并不多见。他将自己的设计室开设在欧洲的设计之都——米兰，这对他走向设计的世界舞台当然有

很大的助力，然而，他的设计有自己的独到之处，非常有创意，才是他成功的最根本的原因。

在巴布尔德的设计中，圆形的球体，是一个很常用的动机。他算得上是把弄"泡泡"的高手了，可以做成灯具、家具、陶瓷器皿、玩具等各种产品。他设计的"数码"灯具（Digit Lamp）就是一例。

点亮的数码灯

这种由多个"泡泡"组成的灯具，材料选用了玻璃和铸铝。铝材虽然不透光，但一来可以很好地反射从玻璃泡内射出的光线，二来可以充当吸热体，还可以喷上不同的色彩，增强装饰效果，是一个一举多得的好选择。这种 Digit 灯具，可以做成吊灯，也可以做成落地灯、台灯，泡泡的组成也各不相同，既有成团集束的，也有逐个串连的，各种变化多端的非对称组合，制造出一种独一无二的照明氛围来，也很迎合现代人对于高度个性化的追求。

巴布尔德对于现代技术非常着迷，并急切地将其应用于自己的设计中。比如他设计的"分享阳光"（Sunshare）扶手椅，就是在一个拟人化的机器人和一个三维的扫描仪的辅助下，用计算机设计和加工而成的。因此，这张椅子加工精度

伊曼纽尔·巴布尔德（Emmanuel Babled，1967— ）

和曲面的完美性都相当惊人，虽然采用的材料是传统的非常坚硬的大理石，但却给人以液体般自由的流动感。巴布尔德曾说过：我的设计方法就是要"让材料本身带出设计的结果来"（It's about allowing the material to bring out results）。

巴布尔德除了有杰出的设计才能之外，也很有商业经营头脑。他设计的一些重要产品，都是通过与高级工艺技师的合作来加工完成的。他的"数码"灯具系列，就是由位于意大利威尼斯穆拉诺地区的玻璃工匠们手工吹制而成的，该地区出品的精美玻璃器已经享誉世界好几百年了；喷涂的颜色也由计算机特别调配，很难仿制。在销售方面，他很注重批量化生产和限量版制作并重，既能保证作品的销售量，也使得他的作品深得收藏者的青睐，大大提高了知名度。他对材料和加工工艺的原产地非常重视，除了玻璃在穆拉诺地区进行加工之外，他的大理石作品直接在意大利著名的大理石产地卡拉拉（Carrara）地区取材和加工，而丝质地毯则来自于印度和尼泊尔。善于将最新的工业技术与传统的美学元素糅合在一起，是他的过人长处。他的设计展现了传统、现代、超脱、消费、手工制作和可持续性，这种独特的混合是他的作品具有现代、诗意和跨文化的特征。

现在，巴布尔德长长的客户名单中，有不少都是该行业的顶尖厂商，例如Baccarat（巴黎的水晶制品和首饰厂商）、Venini（意大利艺术玻璃制品厂商）、Rosenthal（总部设在德国的国际性陶瓷和玻璃器皿厂商）、Felicerossi（以生产新式多用途家具著称的意大利家具厂商）等。他还被米兰的三所设计院校：多穆斯学院（Domus Academy）、埃德荷芬设计学院（Design Academy in Eindhoven），以及他的母校欧洲设计学院聘为教师，为比他更年轻的设计师们传授设计方面的心得和技巧。

22 管灯
—— 完全随意的吊灯

在 2008 年北京奥运会之后，中国年轻人中间不知道瑞士设计事务所赫佐格、德梅隆（Herzog & de Meuron）的恐怕不多了。他们设计的"鸟巢"如此庞大张扬，加上媒体的渲染，都差不多成为中国的一个标志了。不过，如果拿个吊灯"悬挂管子"（Pipe suspension）给大家看看，恐怕就没有几个人会联想到这也是他们两位设计的了。

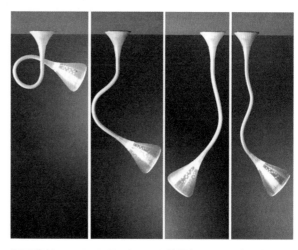

既可落地，又可吸顶，还可以做壁灯，且方向、角度均可随意调节的管灯

绝大部分吊灯都是垂直地悬吊在天花板上，光线是从上往下照射的，如果加上一个灯罩，光线会更加柔和舒适。多少年来，我们都习惯了这样的吊灯。瑞士建筑师雅克·赫佐格（Jacques Herzog，1950— ）和皮埃尔·德梅隆（Pierre de Meuron，1950—）设计了一款可以随意弯曲的吊灯，这样一来，完全打破了传统吊灯仅仅是被动悬挂的形式，使得吊灯也具有了任意调节方向的新功能。因为此吊灯可以任意调节照射的方向，所以

管灯

这种吊灯的用途就多得多了，可以当射灯用，可以当主题灯用。不但在家庭可以用，在公共场所、展览场地都可以用。使用方式的改变，使得原来功能比较单纯的吊灯一下子获得了更广阔的使用天地，通过设计来开拓市场空间，这大概应该算是一个很好的例子了。这个吊灯的价格属于中等水平，并不是针对高端市场，由于能够使用的场所很多，因而销售量也相当大。

这款灯常被称为"管灯"（Pipe Lamp），这是赫佐格和德梅隆在 1999 年至 2003 年为瑞士保险公司（Helvetica Patria in St Gallen）的办公大楼设计的灯具，后来经过改进设计，这个灯具又在东京青山的普拉达旗舰大楼（Prada Epicentre , Aoyama, Tokyo）里面使用，普拉达旗舰大楼也是他们两人设计的，这个大楼吸引了许多时尚人士、设计界人士，"管灯"也随即出名了。

这款灯具是赫佐格、德梅隆和世界著名的灯具公司阿特米德（Artemide）合作的结

瑞士建筑师　雅克·赫佐格（Jacques Herzog，1950— ）
和皮埃尔·德梅隆（Pierre de Meuron，1950— ）

浴室里的管灯

晶，阿特米德一直追求高水平的设计，创造新类型的灯具。这个公司在1959年建立以来，已经找了很多重要的设计师设计过一系列具有影响力的灯具了。"管灯"是这个公司出品的最有影响力的灯具之一，打破了传统吊灯的概念，成为多功能灯具，因为设计特别，因而在2004年获得意大利设计的最高奖项——"金罗盘"奖（Premio Compasso d'Oro）。

赫佐格、德梅隆两个人的经历极为相似：他们都在1950年出生于瑞士的巴塞尔，又就读了同一所大学——苏黎世的瑞士联邦技术学院（Swiss Federal Institute of Technology in Zurich），1978年合伙开设了自己的设计事务所。他们的主业是建筑设计，已经完成的著名设计项目很多，除了我们熟悉的"鸟巢"之外，泰晤士河畔一座旧工厂改建的著名的泰特现代博物馆（Tate Modern）也是他们设计的。两位在2001年一起获得了普利兹克奖建筑大奖。如果要讲他们的建筑设计，我们恐怕需要另外再写一篇文章来谈了。

赫佐格和梅德隆也做一些产品设计，数量不是太多，主要是为建筑项目设计的灯具、家具、手柄等等。然而，这些产品往往并不局限在相应的建筑之中，因为产品本身的有趣和有用受到消费者广泛的欢迎。

23 布尔吉台灯
——十年不辍、欲罢不能

世界著名的意大利产品设计公司卡特尔（Kartell）在 2004 年推出过一款颇有新巴洛克特点的台灯——布尔吉台灯（Bourgie Table Lamp），设计师是意大利人费卢乔·拉瓦尼（Ferruccio Laviani，1960— ）。这盏灯的灯座用剪影形式做出巴洛克纹样，材料是透明或者半透明的聚碳酸酯（Polycarbonate）。由于以巴黎的小资们为主要目标市场，因而采用的设计语言多为时尚艳俗、调侃游戏。从设计史的逻辑来看，这款设计应该是后现代尾声的回响。本以为仅是个凑凑热闹的设计，没有想到消费者对于怀旧寻梦、调侃古典始终情有独钟，这款灯自推出之后，连续生产了十多年，欲罢不能。

2004 年，这盏灯刚推出的时候，我正好在巴黎，正在搜集资料写自己那本《巴黎手记》。为了看外国公司在巴黎的设计旗舰店，有一天去了圣日曼大街上的卡特尔旗舰店，卡特尔是我很喜欢的厂商，因此在店里盘桓半日，细看产品。那是我第一次看见到布尔吉灯，它的正式名称叫作"布尔吉台灯"。通体采用透明的聚碳酸酯材料，灯座透明得好像水晶一样。灯罩里还特别设计了装置，可以用来调整灯罩的高度。这盏灯用了古老的巴洛克纹样的剪影轮廓，拥有后现代主义的所有特征，却出现在后现代已经消退的时代，颇有些诧异感觉。因为自己是做设计史论的，看见这款"布尔吉台灯"立即让我想起二十年前意大利潮人们的"孟菲斯"设计群体，那时候我觉得后现代气数已尽，没有想到这盏灯却大大咧咧地再冒了出来，心里有点纳闷："还有市场"吗？现在想起

布尔吉台灯

来，真是对消费者不了解了。现在看看经营记录，这盏灯是卡特尔销售最好的设计产品之一，并且十年里从未降温，还越来越潮了。

说到这盏布尔吉台灯的意义，我想应该具有后现代的全部特征：首先是对主流设计主张的"好的品味""正确的外形""功能性"等教义的质疑；另一方面又从历史传统风格模式里汲取了大量的装饰动机，显示出不拘一格的历史主义特色，并依稀带有新现代主义的倾向。设计师随心所欲地采用各种非常规的、多元文化的设计语汇，形成一种更为丰富的设计面貌。这盏灯和其他的一系列意大利激进运动设计、后现代设计，令意大利设计在文化、商业和生产等领域内，面对日益逼近的全球化浪潮，在国际市场多元化的格局下，能够更加游刃有余。这种设计风气曾经被时髦地称为"Chic"潮流，给设计界带来一清新气息，成为一股风行世界的流行时尚。这样复杂的多种功能混合（包括某种交际功能）以及对于传统形式的无情颠覆，往往格外夺人眼球，却让一个重要的方面反而被忽略了——这些设计并不打算投入美国式的工业化的批量生产，强调的是个性，走的是小批量的路线。由于这个潮流中设计的产品大部分都具有强烈的艺术性，因此，有时很难将它们简单地列入"产品设计"之列，随着世界上一系列比较重要的艺术

意大利设计师　费卢乔·拉瓦尼（Ferruccio Laviani, 1960—　）

博物馆相继收藏这些产品，它们的艺术性成分益发显得重要了。

不过，随着世界范围内各种"孟菲斯风格"仿制品的泛滥，到 20 世纪 80 年代中期，这股潮流也逐渐退潮了，连它的发起人也都没有兴趣再继续下去了。1986 年，孟菲斯的发起人索扎斯（Ettore Sottsass）在美国《芝加哥论坛报》上发表了一篇文章，他说："孟菲斯就像是一剂非常猛的药，你不能吃得太多。我不认为任何人应该在他的周围只是摆放孟菲斯（的产品），那就像你整天只吃蛋糕一样了。"（Memphis is like a very strong drug.You cannot take too much.I don't think anyone should put only Memphis around: It's like eating only cake.）这就是为什么我第一次看见布尔吉台灯的时候会有诧异感的原因了。

2014 年是这盏灯推出的十周年，卡特尔公司请来一批世界顶级设计师们，以这盏灯的特点为依据，重新设计、重新诠注。一盏"老"灯竟成了一个创新的契机，颇让人有些意外。

这盏布尔吉台灯最显著的特点是什么呢？一个是用剪影作为造型元素，再就是用透明的塑料做材料。受邀的设计师中有帕特里西亚·乌卡拉（Patricia Urquiola，1961— ）、皮埃罗·里索尼（Piero Lissoni， 1956— ）、玛利奥·贝里尼（Mario Bellini，1935— ）、阿尔贝托·米达（Alberto Meda， 1945— ）、菲利普·斯塔克（Philippe Starck，1949— ）、尤金·奎特列特（Eugeni Quitllet，1972— ）、克里斯多夫·皮列特（Christophe Pillet，1959— ）、吉冈德仁（Tokujiin Yoshioka，1967— ）、帕特里克·荣恩（Patrick Jouin， 1967— ）、罗多佛·多多尼（Rodolfo Dordoni，1954— ）、卢多维卡·塞拉法妮和罗伯特·帕隆巴（Ludovica Serafini，1961— & Roberto Palomba，1963— ）等各国的设计"牛人"，每个人都围绕着这盏灯的两个特点做文章，每个人都想与众不同。这批设计基本上都是设法在新巴洛克基础上进行烦琐化处理，比如堆砌上珠宝或者把座子改成埃菲尔铁塔的形状，也有人用厚纸板或生锈的铸铁做底座，一个台灯演化出好多种不同的形式，令人耳目为之一新！这些设计后来在卡特尔的巴黎旗舰店展出，成为设计界的一大盛事。

24 马灯
——"前线设计"的前卫设计

"姆伊"（Moooi）是荷兰一个新近的产品品牌，这个名字我原先不知道什么意思，看起来却很有标识性，因为一口气用了三个"o"字母，组成一个很突出的"ooo"，结尾又是"i"，读起来好像"姆——姆——姆——伊"，很好玩。后来问了懂荷兰语的人，他们说"Mooi"是荷兰语中"美"的意思，和英语中的"fine""beautiful"相近。多加了一个"o"，相当于形容词的比

马灯

较级，有"比较""更"的意思，类似"better"或"more beautiful"，意为期望能更美。这不是一种常规用法，而是一种具有幽默感的造词手段，词形有趣、幽默、识别性高。

我最早看见姆伊的产品是几年前在米兰三年展上，家具很精彩，并且有与众不同的特色。说"美"可能还有点牵强，但是说"特别""有趣"则是很准确的。"姆伊"是由荷兰设计师马歇尔·万德斯（Marcel Wanders）创立的一个新锐家居设计品牌，这类新锐的小品牌、新品牌年年都出现不少，但能够真正进入市场的却不很多。姆伊连续几年在米兰展上炫目展

示，受到很多厂商的注意，最终是和意大利家具大厂 B&B Italia 签约，获得 B&B 的投资，姆伊也就成为 B&B 旗下品牌之一了，广受关注。姆伊成功地通过大企业打通了高端家具的设计市场，同时也为设计新秀们创造了许多新的机会，为新一代荷兰设计师们开辟了一个新的创作平台。马腾·巴斯（Maarten Baas）、约伯工作室（Studio Job）、本杰·波特（Bertjan Pot）、"前线设计"（Front Design）等一代新锐设计师和设计团队，近年在几个重要设计大展上推出的那些惹人注目的作品，如：烟熏系列（Smoke）、"随机灯光"（Random Light）、"纸质宫灯"（Paper Chandelier）和"马灯"（Horse Lamp，2005）等皆是通过"姆伊"这个平台而为大众所认识的。

记得那天在米兰三年展的展厅里，我正在看意大利的家具，有两个欧洲设计师过来和我打招呼，问我"看到'前线设计'（Front design）的'马灯'（Horse Lamp）了吗？"当时我脑子里的"马灯"就是国内用的那种风灯，并没有太在意。后来走过去一看，居然是按照 1:1 的比例做成的一匹黑马顶着一盏灯，颇有些惊异，这才注意这个设计团队。

"黑马立灯"的成品高 210 厘米，宽 230 厘米，在客厅中间放上这么一盏真马大小的立地灯具，具有多强的视觉冲击力，真是想想都有点惊人。这个设计做起来好像不难，难的是敢于这么去想、这么去完成。一匹高头大马昂首挺立在客厅中间，那个尺寸、那个动态、那种气势的确与众不同。这个设计是我见到的"前线设计"事务所四位女士的第一件作品，因为，其具有强烈的性格特色，所以以后就很留意她们的作品了。我逐渐发现，这个设计群体很具有当代设计的特色，无论是概念的个人化，还是广泛使用 3D 成型技术，都很有典型性和代表性。

"黑马立灯"的设计团队叫作 "前线设计"（Front Design），是由四位瑞典女设计师组成的，她们是卡吉娅·莎芙斯特罗姆（Katja Sävström, 1976—　）、索菲亚·拉格维斯特（Sofia Lagerkvist）、安娜·林德格林（Anna Lindgren）和夏洛特·凡·德·兰肯（Charlotte von der Lancken）。这个团队于 2003 年在瑞典首都斯德哥尔摩组成，采用实验性的设计方式，将 2D 平面设计草图，加以 3D 立体的具象化，设计的主题结合动物、物理、环境和材料四个元素。她们的作品看似设计手法相当简单却表现出极强的自我风格。用她们自己的话来说，

瑞典女设计师团队 "前线设计" （Front Design）

就是："我们的目的就是总要把一个产品加入一点特别的东西，或者一点你意料不到的东西。"（Our aim is to consistently add something special to a project, or something that you would not expect）。这一切，令她们在国际舞台上逐渐崭露头角，她们的作品已经在纽约现代艺术博物馆（MoMA）等主流博物馆登堂入室。

"前线设计"的部分产品是捕捉环境中片刻的小动作，像用动物移动、活动的痕迹，经常是各种动物留下的标志和足迹集结而成的，称之为动物系列；而另一些部分产品则是捕捉人的反应和改变的瞬时影像，像刚进入屋子、站起来或者卧倒的平直的倒影。用摄影机追捕这些影像，再通过 3D 技术，用数码打印出来，成为作品。她们对于一系列传统的经典设计也加以新的诠注，比如她们重新设计的电话答录机、潘顿椅子（Panton）和各式各样的传统功能的家具等。

她们曾在日本展示过一个名为"速写设计"（Sketch Furniture，也有译为"草图设计"）的系列新家具，主要是椅子。整个系列是用光笔在空中随意画出椅子的大概形状，线条是连续的速写线，用数码记录轨迹，再用快速打印技术做出来，整张椅子好像是霓虹灯的轨迹一样，非常有趣。她们在材料的表面印刷出错视图案也十分有趣，比如在木材做的沙发上印刷纺织品的纹样，甚至还有阴影，木家具给人感觉是纺织品做的，并且好像放在阳光下面。她们还设计了许多"假实木"家具，其实用少量木料，部分金属，再用印刷技术，使得家具看上去好像是采用了麦秸、草编、棉布、亚麻等面料。她们设计的"褶皱沙发"用印刷技术印出明显的褶皱，谁看了都以为是有褶皱的纺织面料沙发，坐上去才知道是木料的。我第一次在米兰看见这张"褶皱沙发"，即便亲自坐了上去，都依然会狐疑，还要摸摸是否真的是木料，很有趣。他们设计的靠垫沙发和被照亮的地毯（Cushion Sofa and Illuminated Rug）这套家具，其中的靠垫、沙发褶皱、地毯上的阳光和阴影全部都是印刷出来的。错视在家具设计上用得这么淋漓尽致，我还真是通过他们的作品才见识到的。

当今设计有两个大的发展方向，一个是越来越准确、精细、严谨和标准化，另外一个则是越来越个人化、随机化，"前线设计"表现的正是后者。看着她们的那匹黑马大灯，想想因为科学技术的日新月异而造成的这种新设计群体，很有感触。

25 深泽直人和他的 ITIS 台灯

这盏2006年设计的 ITIS LED 台灯就和它的设计师深泽直人一样平淡无奇：简单不过的两个圆，一个圆形的灯头，一个圆形的灯座和一条直线，就是连接灯头和灯座的细钢管，就是它的全部。除了在两个圆片上各开有一道槽、底座上有个不留意都几乎看不出的小纽扣似的调光器之外，没有任何多余的累赘。然而，仔细掂量一下那两道槽，你就会发现神奇之所在：灯杆可

ITIS 台灯使用实景

ITIS 台灯

以顺着槽从垂直到水平作 90 度的转动，灯头可以顺着槽作 180 度的翻转。这也就是说：你可以按照自己的需要，将这盏灯轻易地调整到任何角度，再轻轻地按一下底座上的调光器，装在灯头里的一粒 LED 灯就会将舒适的光线，透过灯头的一圈透明聚碳酸酯散光板均匀地洒泼开来。

　　这盏灯的名称也有讲究，"ITIS"，拆开来看，就是"它是"（It Is）。它是什么？只要看上一眼，任何人都可以毫不犹豫地说出"这是一盏灯"。这也正是日本设计师深泽直人（Naoto Fakasawa, 1956—　）一贯的设计理念，他曾说："我的理想就是不需要说明书去告诉人们如何使用，它必须能够让人们凭借直觉就能自然地去操作。"

　　深泽直人，这位 1956 年出生的日本设计师，被美国主流杂志《商业周刊》（Business Week）评价为"世界上最有影响力的设计师之一"，他用什么去影响世界呢？他用对于设计的激情，对于设计对象细节的专注，对于设计使用者体贴入微的关心。在他看来，设计师要满足人们的生活需求，方便人们的生活，而不是强求人们改变自己的行为方式，使生活变得复杂起来。 在他的心目中，好的设计必须从注重人的生活细节，迎合人的生活习惯，力求用最简易的方式去让日常生活变得更加容易、更加方便。因而，

日本设计师　深泽直人（Naoto Fakasawa, 1956— ）

他的设计，如带托盘的灯——上班族回到家里，将钥匙随手放进托盘，灯就开了；柄上有凹槽的雨伞——将雨伞当作拐杖的老人家，可以将手里拎着的小袋子挂在凹槽上；以及为"无印良品"设计的 CD 播放器等，都是那么简洁、直观、易于操作、便于使用。

　　深泽 1980 年毕业于东京的多摩美术大学的产品设计系，1988 年，在日本的爱普生精工株式会社（Seiko Epson Corporation）担任设计师。1989 年他去美国的旧金山，加入了一个只有 15 个人的小设计事务所"ID two"做设计，这个事务所就是现在举世闻名的设计事务所"IDEO"的前身。他在旧金山设计了许多著名的作品，其中最重要的是那个拉绳壁挂 CD 机播放器，外形酷似一个排气扇，开关很特别，是一条拉绳。1997 年，深泽直人返回日本，协助组建了"IDEO"在日本的分部。深泽直人等八位设计师主要针对日本市场服务，2003 年 1 月，他在东京建立了"深泽直人设计公司"，加入"MUJI"公司的顾问委员会。

ITIS 台灯

2003 年 12 月，他与"Takara Takara"有限公司和钻石出版有限公司合作，在家用电器和日用杂物设计领域，创立一个新品牌"±0"。"±0"设计最初的范围大约包括 20 项：加湿器、液晶屏幕、随身听、手电筒、地毯、电咖啡壶、电话、面包烘炉等。

2006 年，深泽与另一名设计师共同创建 Super Normal 工作室，同时也在东京的武藏野美术大学、多摩美术大学产品设计系担任教学工作，并且在重要的智库"日本顾问委员会"的质量设计、贸易与工业战略设计研究学会供职。他真是一个从最具体的设计，到日本的工业设计的战略布局全面参与的设计师。

深泽直人将自己的设计理念概括为"无意识设计"（Without Thought），或者叫作"直觉设计"，这是他首次提出的一种设计理念，他说"将无意识的行动转化为可见之物"。他曾经在解释什么是无意识设计的时候举过一个例子，日本人煮饭喜欢放一些醋之类的辅料使得口感更好，但有时候会忘记加，这样就需要一种设计，使人在煮饭时在无意识动作中自动添加辅料，这种设计就称为"无意识设计"。"无意识设计"并不是一种全新的设计，而是关注一些别人没有意识到的细节，把这些细节放大，注入原有的产品中，他认为这种改变有时比创造一种新的产品更重要。

2017 年，在东京都港区东新桥的松下汐留博物馆举办了他的回顾展，叫作"AMBIENT 深泽直人设计的生活周边展"，展出了这么多年来设计的 100 件常用的产品，集中起来看，的确很让人有震撼感。他的作品每一件都低调、自然，但是用起来又有与众不同的考虑，特别是"无意识设计"的元素，我举两个例子：

他设计了一把带凹槽的伞柄的雨伞，多雨的季节，出行时我们习惯带一把伞，走累了，伞又可以充当起拐杖的角色。但是此时如果手里拎着东西，就只能把伞夹在腋下，而这时只要在伞的弯钩处设计一个凹槽，这样伞把就多了一个功能——悬挂塑料袋，因此伞又是伞、又是拐杖、又是提袋的工具。他还设计了一个好像牙膏管一样的遥控器，就是不让大家乱丢、乱找，因为没有人会把牙膏管放在沙发上的。

深泽是一个纯粹的现代主义者，走极简方式是他自然的基因，但是他的极简却不单调，往往是他通过自然材料、自然形状打破机械化的形式，从而获得极简的、可亲的效果。

深泽直人的设计作品展"超级常态",正是他的设计哲学的最好诠释,没有一件东西炫目晃眼,但件件经久耐用、清爽环保

就像德国设计师康斯坦丁·格齐克(Konstantin Grcic)评价的那样:深泽直人"有着能将复杂变成简单、丑陋变成漂亮、陈旧变成崭新的魔力,他可以亲吻一只青蛙变成公主"。

2017 年春天,日本大型电气企业日立在广州的总部约我去参加一个座谈会,谈谈工业设计,和我一起上台对话的就是大名鼎鼎的日本工业设计师深泽直人,虽然我二十年前动手写《世界现代设计史》的时候,就已经研究他的设计了,但是这是第一次见到他本人。一如日本绝大多数的设计师,温和内敛、修养朴实。开始对话的时候,给我的感觉的确是和他的名望吻合的:一个世界第一流的设计师,也是第一流的设计思想家。那一次让我对他有更加深刻的印象。会后他送我一个他设计的电脑袋,用银色的笔在上面签了名,是用很韧的纸张做的,灰色,低调却不平常,现在我还在用那个电脑袋呢!

26 空中花园吊灯
——万德斯的情感空间

2016 年秋天，我去德国杜塞多夫参观考察，在一家家具展示厅看到了"空中花园"这盏吊灯。远远看去，它和其他的吊灯混在一起，造型简单，我并没有在意。但是走到旁边，才发现奥妙之所在：这盏灯采用漫反射的方式，把灯罩里的花卉图案投散下来。因此，在这盏灯下，不仅有足够的光，还有一层若隐若现的维多利亚花卉图案纹样，好像飘浮在新古典、新艺术（Art Nouveau）的氛围中。用一个看上

空中花园吊灯

去很简单的灯罩来达到直射、衍射两种效果，同时还能够营造气氛和联想，很让人喜欢。看看吊灯的名字，也颇有浪漫气息："空中花园"（Sky garden Pendant）。设计师叫作马歇尔·万德斯（Marcel Wanders，1963—　），据说他在 2007 年设计的这盏灯，灵感来自童年的印象。因为儿童时代家里的天花板上装饰了花纹图案，晚上在灯光下好像梦境一样，长大之后念念不忘，因而设计了这个产品，对他来说，就是一个"圆梦"之作。

空中花园吊灯使用实景

万德斯正当盛年，事业蒸蒸日上，佳作不断，已经成为当代设计的一个重要人物。

"空中花园"吊灯，以其庞大体积的半圆球状灯罩先入为主地给人留下深刻印象。灯罩内部布满了花卉图案，因此投射出来的灯光就是一片花影，非常浪漫。灯罩外部色彩有黑色、棕色、青铜色、金色，里面带图案的反射板有两个不同的尺寸，小的一片是长60厘米，宽30厘米；大的是长90厘米，宽45厘米。根据自己需要有多大的一片光影空间而定。

万德斯是荷兰人，据说他先是就读埃因霍温设计学校（Design Academy Eindhoven），但读书的时候比较独来独往，和老师关系不怎么好，于是退学了。后来，在1988年以优异成绩从荷兰的安多文设计学院（the Hogeschool voor de Kunsten he Design Academy Eindhoven）毕业的。离开大学之后，先做一些零散的设计活儿，积累经验和人脉关系。1996年，他设计的"结绳椅子"（Knotted Chair），在透明的环氧树脂框架上，张挂着芳纶纤维粗绳编织成的网，将高科技材料与"低技术"加工方式这两种通常被认为是对立的极端元素综合起来，大胆地将其融为一体，显示了他的创意和设计能力，引起广泛注意。之后，2000年他在阿姆斯特丹成立了自己设计事务所，取名为"力量之家"（Powerhouse Studio，亦有译为"电站"的），可能着意从一个侧面突出他认为自己有足够的能量和创意来做设计。万德斯从一开始就做综合设计，涉足领域包括建筑、室内、产品等。

2001年，他参与创建了新的设计品牌——"姆伊"（Moooi），担任艺术总监，不但做设计，也生产自己设计的产品。这是现在不少设计师希望走的道路：自己设计、自己生产，并且形成自己的品牌。与此同时，万德斯依然维持着自己的设计事务所，在

马歇尔·万德斯（Marcel Wanders，1963— ）

他的"力量之家"工作室里，有多达 50 位来自不同国家的优秀设计师在一起工作，大家互相激发思路和灵感，集思广益，佳作连连。从创办至今，这个事务所已经设计出 1700 多个项目和作品了，有建筑、家具、产品，有一些是用自己的品牌推出的，也有一些是给小型独立品牌公司生产的，同时也为一系列欧洲大品牌企业做设计，比如阿列西（Alessi）、碧莎（Bisazza）、荷兰皇家航空公司（KLM）、佛罗斯（Flos）、施华洛世奇（Swarovski）、彪马（Puma）等。

万德斯对设计有明确的目标，他认为自己的设计是追求充满了爱的环境，创造具有情感的空间，使得梦想成真（create an environment of love, live with passion and make our most exciting dreams come true），看看他的设计，基本都是朝这个目标努力的。他创造性地混合使用各种材料、技术手段，并且希望参考历史风格，将其融合在现代材质和技术中。他设计的往往不是单独家具、产品，而是成为营造室内氛围和功能的一个组成部分。

大概是因为他的这个立场和目的，因而近年来他越来越多地做室内设计的项目，其中不少是精品酒店。在这样的商业空间中，他可以把自己的设计达到最大化，灯具、家具、空间处理、装饰艺术、软装配饰、照明氛围，融为一体。我去过两三个他设计的空间，都感觉到他执着的情感氛围。他设计的酒店都很有特色，值得去看看、住住，比如荷兰阿姆斯特丹的普林森格拉特运河酒店（the Andaz Amsterdam Prinsengracht）、德国波恩的卡米哈大酒店（Kameha Grand hotel in Bonn）、美国迈阿密的蒙德里安南湾酒店（the Mondrian South Beach hotel in Miami）、土耳其伊斯坦布尔的昆沙居家酒店（Quasar Istanbul Residences），还有在巴林的概念设计品牌店摩达之家（the Villa Moda flagship store in Bahrain），都体现了他的这种设计的概念。

万德斯获得过很多设计奖，包括鹿特丹设计大奖（the Rotterdam Design Prize），荷兰华人设计师设立的 Kho Liang Ie（1927—1975）设计奖。2002 年 7 月的《商业周刊》（Business Week）评选万德斯为欧洲 25 位顶级设计领导人之一，也是近年来越来越引人瞩目的一位实力设计师，很值得大家关注。

27 "水银"吊灯
—— 在奢华、创意、科技和艺术之间架设桥梁的人

这是一盏大吊灯，但看上去，更像是一件光雕塑——点亮的时候，似乎飘在空气中的每一颗"鹅卵石"都发出晶莹的光，由于它们那种有机的形态，这些光线会从不同的角度在各块"石头"之间多次反射，而产生一种非常戏剧化的视觉效果。即使在白天，灯没有被点亮，但光滑的镜面依然会将射入室内的自然光，周围的家具、物件，甚至从旁走过的人的身影都反射出来，亦是一道有趣的风景线。

这盏灯是名为"水银"的灯具系

水银吊灯

列（Mercurry Suspension Lamp collection）中的一盏，由英国产品设计师罗斯·拉格洛夫（Ross Lovegrove, 1958— ）在 2008 年为意大利灯具公司 Artemide 设计,曾荣获红点设计大奖（Red Dot Design Award）。虽然看上去有点 "眼花缭乱"，但实际上灯的结构并不复杂：一个直径为 110 厘米的顶盖，用浅灰色的铝材压铸而成，下面用不锈钢丝悬吊着一些 "鹅卵石" 形状的反光体，由热塑性聚合物经注模加工而成，表面经过镀铬处理，光源就藏在 "鹅卵石" 的背上。反光体的数量和吊线的长度，可以根据需要而调整。

说到罗斯·拉格洛夫，这位英国老帅哥在产品设计界可是位响当当的人物，他为索尼公司（Sony）设计过 "随身听"（Walkman），为苹果公司（Apple）设计过计算机，为路易·威登（Louis Vuitton）设计过皮革旅行箱包，担任过爱马仕（Hermes）的设计顾问，他的客户名单上赫然列着：三宅一生（Issey Miyake）、 伊东丰雄（Toyo Ito, 1941— ）、 维特拉（Vitra）、赫尔曼·米勒（Herman Miller）、空中巴士（Airbus Industries）、日本航空公司等，下一步他还打算去洛杉矶为科技狂人伊隆·马斯克（Elon Musk, 1971— ）的 SpaceX 公司做设计。他的作品在纽约现代艺术博物馆（MoMA）、伦敦设计博物馆、巴黎的蓬皮杜中心展出，用他自己的话来说：他是一个在奢华、创意、科技和艺术之间架设桥梁的人。

罗斯·拉格洛夫 1958 年出生在威尔士的卡迪夫（Cardiff·Wales），父亲是一位海军军官。起初，他很着迷于烹调，花了六年时间去学习，可是没有成功，才将兴趣转到设计方面来了。先是在曼彻斯特理工学院（Manchester Polytechnic）学习设计，后来在伦敦的皇家艺术学院获得硕士学位。他的设计之途走得很顺，一开始就加入了德国的 FROG 设计团队，后来在巴黎的诺尔国际（Knoll International）工作,1986 年回到伦敦，羽翼日渐丰满起来。

一方面，拉格洛夫很崇拜亨利·摩尔（Henry Moore, 1898—1986）和安尼什·卡普尔（Anish Kapoor, 1954— ）等现代雕塑家，他把自己设计的产品也当作一件三维的雕塑，用艺术家的眼光去要求和评判，非常强调创意的外形。另一方面，拉格洛夫也是一位科技迷，对于前沿科学和新型加工技术都非常注意，他说过： "我设计的产品，必须是只有我所处的时代才生产得出来的，而不是之前的任何时代能够生产的。"

英国设计师　罗斯·拉格洛夫（Ross Lovegrove，1958— ）

由于从小在海边长大，拉格洛夫对于大自然怀有一份深切的敬意和热爱，不论外观多么 "时尚""高科技"，他总是希望能让自己的产品与大自然有某种联系，虽然是机械加工生产出来的，但也要尽量保持有机的形状。他设计的灯具、家具、包装都表现出这一倾向来。这盏 "水银" 吊灯就是其中一例。正如《纽约时报》在评价他的时候所说的那样：他总是用新技术和新材料去创造出新的形态来。难怪拉格洛夫会被亲昵地称为 "有机船长"（Captain Organic）。

虽然拉格洛夫非常 "新潮"，但他也非常务实，他鄙视那些靠多余的花哨去吸引眼球的设计。他深知，一件产品身上，没有任何一个零部件是 "免费" 的，哪怕一个螺丝，也要计入成本。作为一位产品设计师，不仅要为企业设计出能够吸引消费者的产品，协助企业增加利润也是他的责任。正因为如此，当美国的 "脸书"（Facebook）和 "谷歌"（Google）等科技新贵、意大利的化妆品品牌 KIKO、英国名车阿斯顿·马丁（Aston Martin）在计划推出新产品的时候，罗斯·拉格洛夫的名字总是它们的首选。

回过头来想想，拉格洛夫没能实现他少年时的 "大厨梦"，真的不必遗憾。人生就是这样，只要足够努力，一扇门关上了，总会有另一扇门为你打开。

28 圈灯
——从设计师到企业家

一个下雪的晚上，夜已深沉，年轻的芬兰设计师蒂莫·尼斯卡南（Timo Niskanen）牵着他的小狗出去遛遛，走过附近的迷你高尔夫球场时，看见一个环圈形的障碍物，在雪地上十分突出。其实，平时他也曾从这里多次经过，但大雪和黑夜将这个"圈"映衬得格外优雅、流畅，于是，"圈灯"（Loop Lamp）的设想就在他的脑海里诞生了。

"圈灯"的结构很简单——灯体是一条铝带，内表面有一层乳白色的丙烯酸树脂，机械加工弯成一个不对接的圆圈。LED光源安装在圆圈内壁的上半部，发出的光经由树脂而漫射开来。整体采用极简主义风格，灯上连个按钮都没有，但通过内置的传感器，用手轻触便可以

圈灯

调节亮度。虽然它极其低调，但强烈的雕塑感和完美的设计，使得"圈灯"在任何场合下都会成为房间里面的"主角"。

"圈灯"的原型样灯于 2009 年在米兰设计周上首次亮相，立即引起评论界和观众们极大的兴趣和关注。不过，由样灯变成市场上的畅销商品，其间还有相当长的一段路要走。蒂莫·尼斯卡南回忆说，他曾带着样灯去过多个国家，寻求合适的生产厂家，虽然找到过几家很不错的，但是最终的结果都是由于各种各样的原因而终止了合作。这使得尼斯卡南非常沮丧，甚至一度放弃了灯具设计。

然而，心中那份对于灯具设计的强烈兴趣和追求完美的执着精神最终使他下定决心，他在 2014 年创办了自己的灯具品牌 Himmee。家人的支持和大学毕业后曾在多家灯具公司担任设计工作的经历，使他终于迈出了这一步。他的这家公司，以设计和生产适合斯堪的纳维亚风格室内的家庭用灯为主。在作为台灯的"圈灯"基础上，尼斯卡南还设计和生产了将近两米高的作为室内气氛灯的 "巨型圈灯"（Loop Giant Floor Lamp），不但受到消费者的欢迎，也得到大众媒体的广泛好评。目前，Himmee 品牌灯具已经在芬兰、英国、法国和德国有了 15 家专卖店，对于创办不到 4 年的年轻品牌来说，这的确是一个很不错的成绩了。

这位从芬兰阿尔托大学艺术设计建筑学院（Aalto University school of Art, Design and Architecture）毕业的设计师，为什么这么热衷于灯具的设计呢？他说，因为灯具设计给予他很大的自由。在设计家具的时候，比如说设计一把椅子吧，由于其使用功能非常明确，因此在外形方面，设计的自由度就会受到一定的限制。而灯具的功能表现就宽泛多了，不但提供阅读、操作、生活所需要的亮光，同时还会在所处环境里创造出不同的氛围来，直接影响到人们的心情。尤其是 LED 照明技术的发展，更给设计师提供了无穷的想象空间。

在蒂莫·尼斯卡南的心目中，设计的原则非常明确，并不复杂，"永不过时的设计、方便使用、优质的材料"是他对"好的设计"的定义。在他看来，"永不过时"（Timeless）的设计，就是可持续的、生态化的设计，越是不追逐时尚、不赶潮流的设计，才越有生命力。

芬兰设计师　蒂莫·尼斯卡南（Timo Niskanen）

尼斯卡南说他自己从小是玩乐高长大的，一直都有"自己动手做出点什么来"的冲动。他对时下不少孩子，尤其是城市的孩子，虽然从电脑上看到很多游戏，但却失掉了自己动手的机会而感到不安。这位两个小男孩的爸爸，依然有一颗小男孩的心——他不但自己不断地尝试着"做出点什么"，还每周两次去担任一所学校的少年手工作坊的指导老师，带领孩子们一起动手制作点什么。

29 "幸运符"台灯
——年岁限制不了他的想象力

在意大利语中，"Amuleto"含有"幸运符"的意味，表达了一种对于幸福和梦想的追求。

意大利设计大师阿历山德罗·门迪尼（Alessandro Mendini, 1931— ）在2010年设计的这盏灯，最初的设想来自他和孙子的一次关于光线的对谈，而这盏灯，正是他送给小孙子的"幸运符"。

这盏"幸运符"台灯（Amuleto table lamp），标

幸运符台灯

志着灯具设计上的一个重大突破——他最先成功地将 LED 元件装入一个很薄的圆环中作为光源。此前他虽也有过一些尝试，但均未能成功。这盏灯提供的光线非常均匀，而

幸运符台灯展示效果

且摒除了紫外线和红外线，也没有眩光，有效地保护了使用者的眼睛。

灯的结构非常清晰：底下是一个微微凸起的圆盘形基座，外接电源线从这里进入灯体；中间和顶上各有一个圆环，顶上的圆环里均匀地镶嵌了 60 颗 LED 发光体；两根细钢管通过万向接头将基座与两个圆环连接起来，每个部分都可以随意转动，这个组合让使用者可以将灯光调节到需要的任意角度和高度，并已经获得了专利。按照设计者自己的解释，基座的圆盘代表了地球，中间的圆环代表着月亮，而顶部的圆环代表着太阳。据悉这样的"三位一体"能给使用者带来幸福和健康。由于这个"太阳"很薄，而且中空，最大限度地避免了过热隐患，从而大大提高了灯具的安全性。灯上还装有传感器，使用者可以通过碰触，方便地调节灯光的强度（从 1 烛光到 11 烛光）。

"幸运符"灯的两个圆环，采用了一种名为"Stained PLA"的可染色聚丙交酯，部分电路就镶嵌进了圆环，因而整盏灯的外观没有常见的电线、弹簧等凸出部件，显得

意大利设计大师　阿历山德罗·门迪尼（Alessandro Mendini，1931—　）

异常干净利落，而且结实耐用。PLA 材料一般具有良好的机械和加工性能，成型容易，无毒。尤其因为它的原料是木薯、玉米之类，造价低、易降解，是一种比较环保的材料。但其抗热性能较差，因而直到 LED 技术成熟了，才被运用到灯具上来。这种聚酯材料具有特别高的明晰度，染色性能良好，成品的颜色非常漂亮、醒目。在这盏"幸运符"台灯上，想象力、高科技和丝毫不差的加工水准诗意地综合起来了，使得它无论放在哪里，都显得光彩夺目，像是一个特制的装饰摆设。

阿历山德罗·门迪尼，相信关注设计的读者对这个名字不会感到陌生。这位意大利现代设计的领军人物是一位设计上的多面手，在建筑、家具、室内、平面等方面都多有建树。他极其善于将不同的文化混搭在一起，将各种表现手法熔于一炉，他设计的普鲁斯特椅子（Proust Armchair）、格罗宁根博物馆 （Groninger Museum）等，都是脍炙人口的佳作。意大利文艺复兴时期的艺术家们，用他们的作品将人的自身价值从中世纪的禁欲主义桎梏中重新带回人间；门迪尼就像他的先辈们那样，用他那些创意无限、生机勃勃的作品，让人性的温度和敏感度从甚嚣尘上的消费主义和刻板的功能主义的禁忌里重新焕发了出来。

门迪尼被称为"改变了意大利设计面貌的人"，不是没有原因的，这位三次"金罗盘"大奖的获得者，除了用自己的设计作品引领潮流、不断扩展设计的疆界之外，还是设计界一位杰出的组织者、教育者和宣传者，他曾任《卡莎贝拉》（Casabella）、《多姆斯》（Domus）和《摩多》（Modo）等意大利主要设计杂志的主编，并常年撰写文章，出版书籍，探讨设计的方向和宗旨。1973 年，他创办了意大利激进设计运动时期的设计教育机构"全球工具" （Global Tools），1982 年他与朋友合作，在米兰开办了私立的设计研究学院——"多姆斯学院" （Domus Academy），他还在米兰大学任教多年。这位热情的米兰人还是多个国际设计竞赛的评委，不遗余力地点拨和提拔年轻的设计师们。

虽然年事渐高，但门迪尼的活力和创意并不稍减，看看这盏"幸运符"台灯吧，你能想得到这是出自一位八十多岁老人的手笔吗？

30 AIM 灯
——回归宗旨，不忘初心

英语中，"aim"的意思是"目的""宗旨"，这盏名叫"AIM"的吊灯，倒是名副其实——回归到灯的宗旨：在需要的地方发光、照明。灯的本身，并无出奇之处，一根长长的电线，带着一个或多个灯头，灯罩具有浓重的工业味道，用涂有光漆的铸铝制成，特别一点的，只是那些附着在长长灯线上的夹具，那是其他灯具上不曾见到过的。

这盏灯的设计师，是近年来崭露头角的法国设计兄弟：罗

AIM 灯

安·波罗列克（Ronan Bouroullec, 1971—　）和艾尔文·波罗列克（Erwan Bouroullec, 1976—　）。谈起设计初衷，他们说："我们就是想设计一种新的灯具，可以很自然地布置在空间里。可以让使用者根据自己的需要，有无限多的选择和调节。"的确，得益

于那超长的电线（市售的 AIM 灯，电线最长可达 9 米）和特别设计的夹具，这盏灯可以在天花板上、墙壁上，在任意高度、任意地点很方便地悬吊，就像一株生命力旺盛的攀藤植物一样。

说起波罗列克两兄弟，还真是一刘"鬼才"，他们设计的产品大大小小、林林总总，一应俱全：家具、茶具、灯具、厨具、瓷器、文具、织品……好像就没有他们不能设计的东西似的，而且他们的作品几乎每一件都独具创意，颠覆了这些产品类别原来似乎已经定型了的刻板面貌。

哥哥罗安 1971 年出生，在巴黎的高等艺术与设计学院（Ecole Nationale Superieure des Arts Appliques et des Matiers d'Arts, Paris）学习设计，毕业后又在巴黎的高等工艺学院（Ecole Nationale Superieure des Arts Decoratifs, Paris）获得硕士学位。之后，他自己开始做设计。1977 年，他设计的一套"解体厨房"（Disintegrated Kitchen）在巴黎家具博览会上展出，在这套厨房的基本框架上，抽屉、工作台、挂钩、搁架都可以根据用户的需要增添或减少，拆装都很方便。这个设计虽然尚不是十分成熟，但从中表现出来的创意和设计原则马上受到吉奥里欧·卡帕里尼（Giulio Cappellini,1954— ）的青睐，这位米兰著名设计公司"卡帕里尼"（Cappellini）的设计总监，请他设计一套座椅，罗安拿到了职业生涯第一份重要订单。

弟弟艾尔文比哥哥小五岁，也是艺术与设计学院的毕业生，不过他选择的专业是艺术。兄弟俩从 1999 年开始联手做设计，当年，他们就在纽约的国际当代家具展上获得最新设计奖，引起国际设计界的重视。

这一对"70 后"的年轻设计师就像是从他们家乡布列塔尼吹过来的一阵清新微风，给现代设计注入了一股新鲜气息。作为年轻人，当然会对年轻人的生活方式特别关心，两兄弟用了很多时间去了解和分析当代年轻人的生活方式和工作习惯。他们发现：现在的年轻人比较热衷于搬迁移动，不太喜欢固定地呆在一个地方，何况如今变化迅速的世界，也需要他们能够随时做出反应。他们也不喜欢完全让别人替自己拿主意，总希望能够在生活中发挥自己的创意，让身边的一切，能够由自己来做主。而且，他们还不喜欢

法国设计兄弟：罗安·波罗列克（Ronan Bouroullec, 1971— ）

和艾尔文·波罗列克（Erwan Bouroullec, 1976— ）

身边堆砌着太多的东西，而是希望一物多用，家具用具都少而精。

于是，罗安和艾尔文便针对当下年轻人的特点，在设计家具和生活用品的时候，考虑到如何方便地搬动、装拆，如何可以让产品变成"多面手"、拥有多种功能，如何在设计中留下足够的空间和弹性，让使用者可以发挥自己的聪明才智，随时按照自己的意愿来调整和组合。他们设计的产品，大多具有可以自由组合，方便组装或拆卸、弹性使用、容易搬动等特点，这盏 2010 年设计的 AIM 灯，就是其中之一。

过去，除了菲利普·斯塔克以外，世人几乎就说不出什么法国产品设计师的名字了，可是自这两兄弟开始，世界知名厂商立即对法国产品设计师刮目相看。瑞士—德国著名的家具厂商维特拉（Vitra）、生产塑料家具的意大利厂商玛吉斯（ Magis）和卡特尔（Kartell）、法国现代家具商林奈·罗瑟（Ligne Roset）、 日本时装大师三宅一生（Issey Miyake）都是布罗列克兄弟的客户，这盏 AIM 灯的生产厂商佛罗斯（Flos），成立于1959 年，是意大利著名的灯具公司。菲利普·斯塔克的灯具，也是由这家企业生产的。

31 "垃圾我"台灯
——变废为宝永续发展

"垃圾我"台灯（The Trash Me Table Lamp）这个名字很难翻译成比较恰当的中文，因为"垃圾"（trash）这个词在中文是名词，而在英文中既可以当名词用，也可以当动词用。因此，"Trash Me"的意思是"把我当垃圾处理"，这个名字本身一听就很调侃、有趣，含义其实非常直截了当：当不再用我、不再喜欢我的时候，请把我回收处理（Please recycle me when no longer useful or

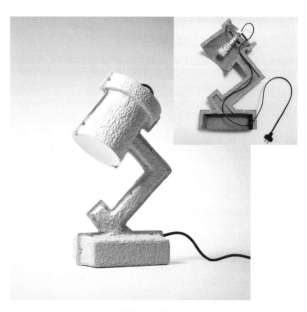

"垃圾我"台灯

desired）。虽然顶着"垃圾"的名号，在当代设计中，这盏台灯却是鼎鼎有名。它的结构非常简单：用的是铝金属架，加上再生纸浆成型的灯罩，其实就是用超级市场里包装鸡蛋的那种再生纸浆型材包装盒的材料，因此有些人干脆把这盏灯叫作"鸡蛋盒灯"（Egg

Carton Lamps）。这盏灯是维克多·维特莱恩（Victor Vetterlein）在 2010 年设计的，由丹麦哥本哈根的"和传统"公司（And Tradition）出品。

就功能化设计而言，这盏灯真是简单到无以复加的地步，从台灯纯粹的阅读照明功能出发，不含任何装饰内容，考虑的是最基本的要素：照明好、易用性、耐用性和可持续性。有人说这个灯的设计回到了灯具的基本功能，设计得直截了当，就是一盏单纯的台灯，放在床头、桌子上都很干脆，没有任何在设计上欲说还休、躲躲闪闪的动机。虽然用的是再生纸浆材料，因为直截了当，反而形成一种与众不同的照明氛围和美学体验。

看看结构，这个灯是由金属框架支撑两个再生纸浆做的部件组成的，再生纸浆在设计上，习惯用法文的 "paper-mâché" 来称呼。这种鸡蛋盒的材料本身有点偏暖的浅灰色，远看也有木材的感觉，很温暖。台灯的电线用色彩鲜艳的纺织品包裹着，和朴素的台灯本体形成鲜明的对照。制作过程是把废弃的鸡蛋包装盒溶在水里，搅拌成纸浆，再倒入模具里，用手工抹平滑，经过几天的干燥之后安装在金属支架上，装上用彩色纤维包裹的电线和灯泡，就是一盏台灯了。如果用坏了，灯罩可以重新打成纸浆，再做产品，因而实现了循环使用。因为纸浆太轻，怕放不稳，可在底部加些配重压底，也很容易。

全球化、网络化使得任何产品的使用周期都变得越来越短，导致产生了一种用毕即弃的消费文化。在这种文化影响下，"经久耐用"越来越不受重视，就连电视、汽车这样的产品，更新换代也越来越快。什么东西都不会被视为永久性的，越是日常用品，其使用周期就越短。因此，新一代的设计师们开始认真考虑短周期对产品本身、对人类社会造成的影响，希望通过设计来应对这样很短时间就会废弃的问题。"垃圾我"台灯就是这种考虑的结果。

美国设计师维克多·维特莱恩学建筑出身，他的这个设计取自垃圾，经过设计、加工，变作台灯，进入使用周期，再成为垃圾，可以周而复始，因此是循环圈中的一个环节。这盏台灯之所以出名，就是因为代表了这种循环使用的新的思维。鲜明的概念造就了这样一件作品，从一开始就考虑到它被废弃后的重新循环使用方式，在工业设计中，这样的范例还不太多见。再生纸浆通常被视为是一种"短暂"材料（a transient material），

美国设计师　维克多·维特莱恩（Victor Vetterlein）

因此，设计界评价这个台灯是以明确的概念把短暂材料变成了与众不同的形式的经典。为了达到循环、再生的目的，这个灯具可以很容易地拆卸，把纸浆型材扔入回收垃圾中，进行再循环使用。设计师本人设计过许多类似的产品，都很有影响力。他设计的"免费能源"台灯就是用光敏能电池点亮的 LED 灯，很多家长用这些设计来教育儿童，提高他们节约能源、循环利用资源的环保意识。

维克多·维特莱恩是纽约的工业设计师，早年毕业于美国科罗拉多州立大学（Colorado State University），后来在西雅图的华盛顿大学（the University of Washington in Seattle）研究生院深造。学过土木工程，之后又学习雕塑，因此有工科和艺术两方面的训练。毕业后到纽约工作，曾经在美国著名建筑师查尔斯·加斯米（Charles Gwathmey, 1938—2009）事务所工作过，有比较丰富的设计经验。他的设计以强烈的概念出名，涉及生活的方方面面，尤以环保、节能为突出的诉求。

32 "六十年代"工作灯
—— 俄罗斯小伙对德国前辈的致敬

奥廖尔市（Oryol），位于伏尔加河
最大的支流——奥卡河畔（Oka River），
在莫斯科西南大约 360 千米处，是俄
罗斯奥廖尔省的首府。居民人口略超过
三十万。城市虽然不大，历史却很悠久，
命运更是多舛。根据记载，早在 12 世
纪，这里便已经有了居民，曾经属于立陶
宛，16 世纪时，并入了沙皇俄国的版图。
1566 年,沙皇伊万（即史称的"恐怖伊万"）
为了加强对西南边境的防卫，开始在奥廖
尔地区大规模开发。然而后来战乱频繁，
这座城市竟被荡平，不复存在于地图上。
直到将近三百年后的 18 世纪，由于奥卡

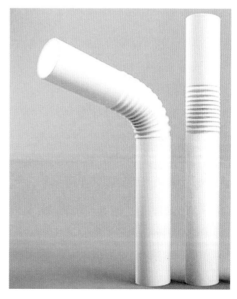

六十年代工作灯

127

六十年代工作灯

河直通莫斯科，此地的谷物生产又比较丰富，奥廖尔才又重新兴旺起来，于1702年正式立市，1778年成为奥廖尔公国（Oryol Vice-Royalty）。十月革命期间，奥廖尔曾是红军和白军多次争夺之地，十月革命成功之后，该市曾被划归多个不同省份，最终在1937年确立为奥廖尔省的省会。然而，在第二次世界大战期间，奥廖尔被德国纳粹占领，于是，在库尔斯克大战中，该城再次几近被夷为平地。战后，经过多年重建，重新成为俄罗斯中西部的铁路枢纽，按人口计算，也上升到全国318座城镇中的第61位。这样的韧劲，这样的生命力，"战斗民族"的绰号，真不是白叫的！

我为什么会突然提及这座城市呢，因为有一位"80后"的俄罗斯产品设计师正是从这里走出来的，他的名字叫马克西姆·马克西莫夫（Maxim Maximov, 1988—），他设计的一盏名叫"六十年代"的工作灯（Sixties task lamp，2011）引起了我的兴趣。

现在圣彼得堡做设计的马克西莫夫出生于奥廖尔，2005年入读奥廖尔建筑学院（Architectural University of Oryol），学习工业设计，毕业后，主要从事灯具和家具的设计。马克西莫夫第一次引起公众的注意，是在2011年。他参加在俄罗斯举行的普利姆家具设计竞赛（Prem Furniture），以家具系列"一线"（One Line）获得一等奖。当时的评委由多位欧洲其他国家和俄罗斯本土的设计师组成，其中包括著名的英国产品设计师罗斯·拉格洛夫（Ross Lovegrove），于是，俄罗斯小伙的名字开始跨越了国界。2014年，在伦敦举行的设计节上（London Design Fastival），曾举办一个名为"生在苏维埃"（Born in USSR）的展览，介绍了14位"80后"俄罗斯设计师的现代风格作品，马克西莫夫也参加了展览，西方的公众亲眼看到了他的作品，对他的关注度就更高了。

俄罗斯设计师　马克西姆·马克西莫夫（Maxim Maximov，1988—　　）

"六十年代"工作灯,结构非常简单,用聚酯材料做成的灯体,像一根可以弯折的巨型"吸管"。光源装在管内,灯的"脖子"可按照需要任意弯折,非常适合个人阅读之用。想象一下:晚上,学生宿舍里,室友已经入睡,你想再读一会儿书,这盏灯,又可以为你提供最理想角度的灯光,又不会影响他人的睡眠,多好!

之所以取名为"六十年代",是因为年轻的设计师马克西莫夫对于20世纪60年代的工业产品设计非常赞赏,尤其是德国设计师迪特·兰姆斯(Dieter Rams,1932—)那些高度功能化的极简主义设计,干净利落的线条,绝无一丝不必要的多余成分,对他影响非常大,他用这盏灯向前辈致敬。 在谈到自己的设计原则时,马克西莫夫说,他喜欢那种功能主义的诗意表现,成长在边疆小城里,生活中感受到的那种质朴氛围,一直伴随着他。在设计中,他追求功能最大化、外形最简化。

"六十年代"工作灯有多种颜色可供选择,不过马克西莫夫最初的设计是红色的。"在俄罗斯的文化中,红色代表着美丽,就连俄文中'红'(КрасН)字的词头,都和'美'(КрасИb)一样呢!"小伙子这样解释说。

33 遮阳伞灯
——来自瑞典的科技控

记得那是 2015 年秋天，我在瑞典斯德哥尔摩看画展。刚一进门，目光就被桌上那盏湛蓝的台灯吸引住了：一个修长的圆筒，中间一根纤细的杆，顶着一个伞形灯罩，像是一个娇俏的小姑娘，撑着一把漂亮的阳伞，亭亭玉立，散发出一圈均匀而柔和的光，很有亲和感。

后来在展览中又见到，细细端详，才发现这盏灯其实并不像外表那么简单。圆筒形的灯身，底部安放着 LED 灯管作为光源。圆筒外面一颗小小的按钮，既是开关，亦可调节灯光的强弱。中间伸出的细杆，顶部是一粒近似鹅蛋形的小磁铁；作为灯罩的"伞"，并不是一个简单的圆锥面，而是精细计算得出的抛物线面，"伞"顶有一个蛋形的凹孔，与那粒小磁铁密切配合。灯罩和灯杆之

遮阳伞灯

点亮的遮阳伞灯

间并无特别固定件，只是依靠磁力相吸，除非你着意用力将"伞"摘下，不然，无论你如何用手去碰触，那把"伞"都会依照你的要求、变换方向、变换角度，保持一种"随遇平衡"的状态，将来自光源的光线，轻柔地漫反射开去。

这盏遮阳伞灯（Parasol Table Lamp）的设计者，是出生于 1979 年的瑞典工业设计师约纳斯·福斯曼（Jonas Forsman, 1979—　）。除了灯具，他也设计家具。年纪轻轻，已是三次红点（Red Dot）设计大奖的获得者了。

福斯曼出生在瑞典南部的斯玛兰地区（Smaland, Sweden），该地区的家具制造业很发达。福斯曼在谈到家乡生活的时候，曾说："从小就学会了要尽可能少地耗费材料，尽可能多地发挥材料的作用，要尽量节约资源。"他曾在哥德堡的查尔默斯大学学习工业设计工程（Industrial Design Engineering, Chalmers University, Gothenburg），2006年在哥德堡成立了自己的设计工作室，成为自由职业设计师，为多家制造企业和大设计公司提供设计服务。

无论设计的项目是什么，功能性永远是福斯曼的出发点。他总是通过新的材料、新

瑞典工业设计师　约纳斯·福斯曼（Jonas Forsman，1979—　）

遮阳伞灯设计细节

的技术手段，为灯具、家具这些看似平常的产品，开发出新的功能，赋予新的技术含量。福斯曼是个不折不扣的技术控，他绝不容许自己的设计中出现任何只是装装样子的多余部件。他要求自己设计的每一个零部件都必须是有实际功用的，而且必须以最简洁的面目示人。他曾说，我的设计是内外兼顾的。不但要考虑功能、外形，还要顾及生产制作流程。他的设计周期通常比一般设计师更长，因为当每个设计完成后，他会花上几乎一倍的时间来做减法，减去每个可有可无的零部件，减少每一道可以节省的工序，力求线条简练到减无可减，加工成本降到最低。这样的设计，当然会很受生产厂家的欢迎。

　　这位低调内敛的年轻人，目前已经成为欧洲设计界的一颗新星。

34 绦虫落地灯
——拉希德的"感性极简主义"

这盏名为"绦虫"的落地灯（Solium
LED Floor Light，2013），线条简洁、形
态多变——底座是一枚薄薄的圆钢片，圆
筒形的灯体由下而上逐渐变细，然后突然
撕裂、向上伸展，像是一面略带卷曲的帆，
又像是一片花瓣。整个灯体采用了自重很
轻却很耐久的玻璃纤维，连同发光部件，
一次成型，线条流畅，如同一件雕塑作品，
优雅地立在那里。灯光从圆管内射出，在
灯体的曲面上反射开来，形成漫射光团。
从不同的角度望过去，它会呈现出不同的
风采，让你的目光无法从它挪开。据设计
师自己说，他的确是从著名意大利影星索
菲亚·罗兰（Sophia Loren，1934—　）那

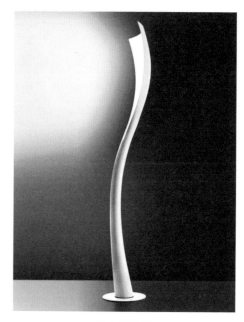

绦虫落地灯

135

里获得灵感，而创作出这盏灯来的，难怪这么婀娜而性感。这个作品曾经荣获红点设计
（Red Dot）大奖。

"绦虫"落地灯的设计师名叫卡里姆·拉希德（Karim Rashid，1960—　），是一
位非常国际化的人物：他出生在开罗，父亲是埃及人，母亲是英国人，小时候的时光在
埃及和英国度过，后来随家庭移民到加拿大，在多伦多上中学。1982 年从渥太华卡列
顿大学（Carleton University in Ottawa）的工业设计系毕业后，到欧洲继续深造。先
在意大利的拿波里师从艾托尔·索扎斯（Ettore Sottsass）等几位著名的意大利设计师，
又去米兰，在 8 次荣获"金罗盘"大奖的设计师罗多尔佛·波涅托（Rodolfo Bonetto，
1929—1991）的工作室里进修和实习了一年。回到加拿大后，他先后与其他工业设计
师合作了五六年的时间，直到他认为自己准备充分了，于是在 1992 年，去纽约开设了
自己的设计事务所。

拉希德是他这一代设计师中的佼佼者，有几乎三千件他设计的产品，目前正从全
球四十多个国家的生产线上不断地制造出来。他不但涉足的设计领域非常广泛，而且还
在每个领域里都交出了出色的成绩单。他先后获得超过 300 个设计奖项，其中有为法国
著名奢侈品品牌昆庭（Christofle）设计的奢侈品，有为加拿大创意家居店 Umbra 设计
的家居用品，有为意大利家具公司博纳尔多（Bonaldo）设计的家具，有为意大利灯具
公司阿特米德（Artemide）设计的灯具，有为韩国的三星公司设计的高科技产品，有为
美国花旗银行（Citibank）设计的企业标识，还有为日本时尚设计师高田贤三（Takada
Kenzo, 1939—　）的产品所做的包装设计。他是一位不折不扣的设计多面手。

近年来，拉希德的设计领域更加扩展到建筑、室内、展示等方面，他在费城、雅典、
柏林设计旅馆，在那不勒斯设计地铁站，还为奥迪汽车厂做展示设计。他的作品已经成
为包括纽约现代艺术博物馆（MoMA）、巴黎蓬皮杜艺术中心等世界各地二十多个重要
博物馆和艺术画廊的收藏品。拉希德不但经常受邀到世界各地的大学去授课，到各种研
讨会上发表演说，还多次登上《时代周刊》（Time）、《时尚》杂志（Vogue）等主流媒体。

这位设计师的爱好非常广泛，对于艺术、音乐和时尚都有涉猎。他具有非常鲜明

卡里姆·拉希德（Karim Rashid，1960—　）

的个人时尚特色，喜欢穿一身雪白或一身粉红的装束，他将自己的风格称为"感性的极简主义"。不过，千万不要以为他只是一个高高在上的设计明星，虽然拉希德设计的这盏"绿虫"落地灯身价不菲，在美国的零售价为 2500 美元，但是他也设计过许多很接地气的产品，例如他在 1996 年设计的伽伯垃圾桶（Garbo waste can），有 17 种不同颜色，售价为 10 美元，两年之内，销售量就超过了百万个，而且迄今不衰。他曾说："在很长的时间里，设计只是为少数文化精英而存在的，在过去的二十年里，我非常勤奋地工作，力图让设计变成公众的事。"（ For the longest time design only existed for the elite and for a small insular culture, I have worked hard for the last 20 years trying to make design a public subject.）确实，在当代产品设计美学观念和社会大众消费文化的转变中，人们都不难找到卡里姆·拉希德留下的印记。

卡里姆·拉希德善用色彩，他的作品总能让人眼前一亮

35 气球灯
—— 此情此景成追忆

目送五颜六色的气球，冉冉升起、升起，追着蝴蝶，追着小鸟，向着白云，向着蓝天，直至变成一个一个小点，消失在晴空中。这大概是无忧无虑的童年时光，留给许多人的最深刻印象了吧。斯洛伐克的"80后"设计师波利斯·克利姆克（Boris Klimek，1984— ）设计的气球灯，把这美好的童年记忆，带回了现实。

气球灯，通体发光，形似气球，其正式商业名称是"记忆集合"（Memory Collection）。灯体是色泽鲜艳的玻璃球，开关则是从球上坠下的那条长长的线。安装在天花板上可以作为吸顶灯，安装在墙上则成了壁灯。如果多装几个，则形成了一个漂亮精致的"气球阵"。

克利姆克毕业于捷克布拉格工艺美术学院的产品和概念设计专业（Product & Conceptual Design,at college of Arts & Crafts in Pragueg），他的学习经历相当丰富，曾先后在英国的谢菲尔德哈拉姆大学（Sheffield Halm University）、斯洛伐克的布拉迪斯拉瓦视觉艺术学院（College of Visual Arts, Bratislava）等院校进修和实习。克利姆克现在在捷克首都布拉格从事产品和室内设计，以及展示设计。

外表英武阳刚的克利姆克，拥有相当特行独立的设计理念。他希望自己的设计，不仅要向用户提供功能方面的服务，还要是诗意的、好玩的、能够激起好奇心，或激发起某种人类美好感情的，能够创造出一种梦幻氛围来的。所以他的设计总能在某种程度上转化为游戏，或者讲出一段故事来。

　　说起这个圆圆的玻璃球，制作过程可是颇不简单，那是依据一百多年来的工艺传统，由富有经验的玻璃工匠制作的。每一个圆球由三层玻璃构成，内外两层用料是水晶玻璃，中间夹着一层蛋白石玻璃，由玻璃工匠小心地逐层吹制而成，形状、尺寸都必须控制得相当准确，才能生产出一个晶莹透亮、色彩绚丽的"球"来。

　　从2006年开始，克利姆克几乎从来没有中断地获得各种设计奖项，虽然这些奖项大多是在捷克或斯洛伐克获得的（例如2011年的捷克设计大奖），但是不要忘记，他才刚刚三十出头，已经有了明确的设计理念，而且有了这么多的优秀作品。人们完全可以期待：波利斯·克利姆克将会在更大的范围内获得更大的成功。

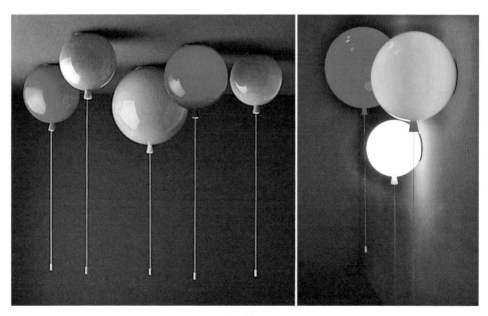

气球灯

斯洛伐克设计师　波利斯·克利姆克（Boris Klimek，1984—　）

36 "超级伦"落地灯
——优雅也可以很简朴

LED（发光二极管）是一种可以直接将电能转化成光能的固态半导体器件，对这种技术的研究在 20 世纪 60 年代就开始了，由于具有能耗低、使用寿命长、调控容易等优点，在许多方面都有相当广泛的应用。但真正在民用照明方面得到广泛运用，还是 20 世纪 90 年代的事情。

当贾斯珀·莫里森（Jasper Morrison，1959— ）第一次接触到 LED 照明技术的时候，他便深深被这种奇妙的技术所吸引，并立志"我一定要用它来设计点什么"。2015 年，他以月亮为蓝本，采用 LED 技术，设计出"超级伦"落地灯（Superloon LED Floor Lamp）来。

莫里森将一个窄窄的 LED 灯圈，安装在用半透明材料制作的碟状灯体周围，

"超级伦"落地灯

"超级伦"落地灯使用实景

LED灯圈发出的光线，将灯体变成一个散发出柔和光芒的小"月亮"。由于这个小"月亮"被安装在一个类似陀螺仪的三脚支架上，旋转自由，因此灯光可以从任何角度照射出来。不仅如此，拨动灯上设置的调光器，通过安装在支架内的一个光学传感器，不但可以调节光线的明亮程度，还可以调节灯光的温度。它的光线明亮而不刺眼，因而这盏"超级伦"落地灯可以用来当作环境灯、阅读灯，同时也是一件很有品味的高端陈设。

贾斯珀·莫里森的自我定位是"概念设计师"，他从不着意追求那些炫目的新奇造型，而是总能从人们熟悉的日常物品出发，通过精心的再设计，发展出一些前所未有的新的产品来。莫里森出生在英格兰，很小就对设计产生了兴趣。他在一次访谈中回顾起小时候看到祖父将房间按照斯堪的纳维亚风格布置起来——裸露的原木地板，长穗的白

贾斯珀·莫里森（Jasper Morrison, 1959—　）

色小地毯，桌上放着一架德国布劳恩公司出品的留声机，他说："这间房间和这架留声机给我留下深刻印象。"后来他的家庭定居伦敦，于是他先后在金斯顿大学艺术和设计学院（Kingston College of Art and Design）以及皇家艺术学院（the Royal College of Art）学习设计。在校学习的时候，莫里森深深被来自米兰的孟菲斯集团的设计所吸引，非常欣赏该团体对设计概念的重视和追求。有一次，莫里森到米兰去参加一个设计研讨会，他的发言和幻灯展示很受欢迎，在此基础上，他还出版了一本名为《无需词汇的世界》的书（*A World Without Words*）。作为一位年轻设计师，莫里森表现出来的成熟度以及对于自己个人风格的掌控，引起了设计评论界的关注。在这些关注者中间有一位便是国际知名的维特拉（Vitra）家具公司董事会主席罗尔夫·费赫尔包姆（Rolf Fehlbaum,1941—），莫里森受邀为维特拉公司设计了一套以胶合板为材料的桌椅，之后他为意大利家具名厂 Cappellini 设计了躺椅和沙发床，为德国的汉诺威市设计了电车，和伦敦的艺术家联手设计了名为"药房"（Restaurant Pharmacy）的餐馆，各种项目接踵而来，他的设计发展就相当顺遂了。

　　莫里森是一位高产的设计师，他和一群志同道合的设计师，组成了一个规模不大的设计团体，采用前沿科学技术，设计和发展批量化生产的产品，他的设计以日常用品和家具为主，不论是门把手、垃圾桶，或是木凳子、沙发椅，他总是追求一种"超级普通"（Super Normal）的感觉。他认为，设计的作用就是要在最基本的水平上提高日常生活的品质（Design's role is to improve the quality of daily life on the most fundamental level）。他强调，好的产品并不需要将注意力吸引到它本身，而是作为平凡生活中一个有质量的部分而存在。即便现在，贾斯珀·莫里森已经在世界范围内享有很高的声望，他仍然一如既往地低调，强调功能，注重使用者的舒适度。这种不逐潮流的极简风格当然不会让他变成那种头顶光环的"明星设计师"，但他正是通过这种简朴的优雅，成功地抹平了艺术和设计之间的鸿沟。

37 CSYS 工作灯
——"创二代"闪亮登场

说起"戴森"这个姓氏，大概所有的人都会立即想起那位"英国设计之王"——发明家、设计师詹姆斯·戴森爵士（Sir James Dyson，1947— ）来。他设计的那些真空吸尘器、气流干手机、反向旋转洗衣机、无叶风扇、超声波增湿器、超声波吹风筒……无一不是闻所未闻、见所未见的新产品，每一件都让人脑洞大开、赞叹不已。尤其难得的是，几乎每一个新产品，都是伴随着一项新发明、新技术而出现的。例如，

CSYS 工作灯

无袋吸尘器就采用了旋风分离技术（Cyclonic Separation），气流干手机采用了数码马达（Digit Motor）、无叶风扇就采用了空气倍增器技术（Air Multiplier），他的新设

CSYS 工作灯 2006

计总是和新技术同步并行的。让人略感意外的是：自从 1978 年公司成立以来，在众多的家用产品中，戴森公司（Dyson Ltd.）始终没有染指过灯具行业。现在，这个缺口终于补上啦！2015 年，戴森公司收购了"杰克·戴森灯具公司"（Jack Dyson Lighting），将该公司的 CSYS 系列灯具列入了戴森公司的产品目录。

这位杰克·戴森（Jack Dyson，1972— ）何许人也？他是戴森爵士的儿子。不过千万不要以为他只是个依仗父荫而浪得虚名的"富二代"，实际上，这位小戴森对科学技术、对产品设计有着和他父亲如出一辙的热情和灵气，是个脚踏实地的"创二代"。

出生于 1972 年的杰克·戴森从小就对各种技术产品和设计深感兴趣，14 岁就学会了开车床，被同伴们戏称为"技术狂人"（Techno）。1994 年从伦敦的中央圣马丁艺术设计学院毕业后，他先后在两位著名设计师的事务所工作过，有了各种动手设计和制作的实际经验，熟悉了一件产品完整的制作过程，然后又到父亲的公司里工作了几年之后，他才成立了自己的工作室，专注于灯具的设计。在谈到自己的设计时，小戴森说他通常从研究现有灯具的缺陷和失败开始自己的设计，而不是一开始只想着再设计一盏好看的灯；总是先研究和发展一种新技术，然后将新技术用到所设计的产品上来。

杰克·戴森（Jack Dyson，1972— ）

他是这么说的，也是这么做的。在小戴森位于伦敦克拉肯威尔（Clerkenwell, London）的工作室里，堆满了从市面上收集到的各种 LED 灯具，他和他的团队对这些灯具逐一进行检测，发现有两个问题：一是工作寿命远未达到 LED 技术所能提供的最长寿命；二是这些灯具的光亮程度，在不长的时间里就会有明显的下降。

带着这些问题，杰克·戴森向著名德国 LED 制造企业奥斯拉姆（Osram）的专家请教，终于发现了真相：上述两个问题出现的原因，是因为市面那些 LED 灯具的散热处理太差。如果 LED 光源不能得到及时而有效的冷却，芯片的含磷镀膜就会分解，照明的亮度就降低了，最终芯片会烧坏。如果将结温（Junction Teparatures）控制在 55 摄氏度至 60 摄氏度之内，LED 灯的寿命就可以提高到 18 万小时。如果能够将温度再降低一点，甚至可以达到 20 万或 25 万小时！问题的产生原因找到了，那么如何去解决它呢？小戴森的团队尝试将使用在卫星上的制冷技术应用到 LED 灯具上来。他们还和 CCI 公司合作——这个公司采用热管技术（Heat Pipe Technology），为苹果、英特尔、三星、HP 等公司生产微处理器的散热器。简单而言，热管技术就是在密封的管子里填充着特别的液体，接触到热源的时候，这些液体急速蒸发，从而吸收大量热量，然后流向散热器，迅速放出热量而重新恢复成液体，这样往复循环，就将热量排散出去了。"这种技术非常神奇，几乎是 LED 芯片刚一产生热量，就马上被传送走了，而且还不需要任何附加能量"，小戴森兴奋地说。经过 18 个月的不断探索，反复试验，他和他的团队终于设计出了革命性的 CSYS 工作灯（CSYS LED Task Light, 2006）。

这盏灯的外形，有点像建筑工地上的大吊车，一横一竖两根灯杆，令这盏灯可以上下、左右移动，并可旋转 360 度。由于加工精度达到惊人的两千分之一毫米，并装有配重滑轮，所以只要轻轻动动手指尖，就可将灯调整到你所需要的位置上。横向灯杆里面，装有密封的真空铜管，采用了热管技术，能够迅速地将光源发出的热量传递到横杆末端的散热器去。通常情况下，灯里安装的 LED 芯片的结温只比室温高出 30 摄氏度左右，这就意味着，工作寿命可以加长到 16 万小时，差不多 37 年！这几乎是说，永远都不需要更换灯泡啦！

38 斯普莱特 LED 灯
——像珊瑚礁一样生长的灯

距离著名的纽约布鲁克林大桥不远处，在布鲁克林海军码头旁边，有一栋占地将近4700平方米的巨大钢架建筑物，这栋被称作"128建筑"（Building 128）的庞然大物，曾经是美国海军一个舰船制造车间，现在在夏威夷海港作为珍珠港战役纪念馆展品的"亚利桑那"号战舰等许多第一次和第二次世界大战中曾经参战的军舰就是在这里建造、下水的。不过，随着战火硝烟的散去，这栋建筑逐渐被废弃了。2011年，纽约开发商大卫·贝尔特

斯普莱特 LED 灯

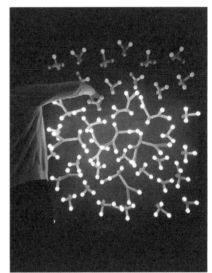

斯普莱特 LED 灯零件

（David Belt）与建筑师斯科特·柯汉（Scott Cohen）联手合作，在纽约市政府下属的非盈利组织"布鲁克林海军码头开发委员会"（The Brooklyn Navy Yard Development Corporation, 简称为 BNYDC）的支持下，将这个富有历史意义的老旧建筑改造成为一个能提供住宿空间的"新实验室"（New Lab），成为一个多学科设计、原型设计和高科技加工制造的工业园区。其入驻单位中还包括有相关的市政机构、风险投资家等，设计师"足不出户"便可就近找到各种需要的协作单位。

2009 年毕业于纽约大学互动传播专业（Interactive Telecommunications, New York University）的纽约设计师杰森·克鲁格曼（Jason Krugman）就是"新实验室"的住户。这位专注于模数互动照明技术和光线雕塑、建筑物灯光装置的设计师，称赞"新实验室"为"这是我绝对的天堂"！他对这个由设计师、艺术家、发明家、思想家、企业家联合组成的开放社区和创意空间赞不绝口，他那盏像珊瑚礁一样，可以自由生长的斯普莱特 LED 灯（Splyt LED Light）就是在这个地方设计出来的。

美国设计师　杰森·克鲁格曼（Jason Krugman）

这位对艺术和人文科学充满兴趣的设计师，长久以来，一直在想方设法制作一种价格合理、模数化的照明系统，让使用者可以根据自己的空间条件和自己的爱好品味去自行创造，而不是从商店买回来，打开包装盒后就一成不变的灯具。他与电脑软件专家斯科特·雷恩维勃（Scott Leinweber）合作，设计出这套操作简便、创意无限的斯普莱特灯具（Splyt LED Light）来。这套灯具最基本的构件包括：一个黄铜的圆形灯座，一个三岔的主接头，两个两岔的长接头和三个两岔的短接头。在这些工业塑料制作的接头里面，已经装好了灯头和连线，只要将接头如同平时拧上灯泡那样拧在一起，再拧上灯泡，打开开关，眼前就出现了一颗闪闪发光的"珊瑚树"啦。

为了降低成本，克鲁格曼将逛五金店变成了一种业余爱好，经常查看每种连接器和上市的新产品，并设法运用到自己的设计中来。他知道要想在市场上获得成功，他的设计必须简单而强大，并且要尽可能多地使用现成的零件，所以他的灯所采用的零部件都是通常在五金商店里可以买到的现货。所有接头插座都是标准的螺口尺寸，这样才能方便更换、无缝集成和创造性地使用，以便以新的方法在三维空间里安排照明。

除了设计灯具之外，克鲁格曼还是一位灯光雕塑艺术家，他已经为多个公共场所作了设计。诸如 2014 年为 Donohoe Companies 设计的"律动与形式"（Rhythm and Form, Bethesda, MD, ）、"Deepstaria"，2016 年为 IBM 公司设计的"IBM Watson Sculpture"，2016 年为 Beekman Hotel 设计的"Cloud Formations"等一系列灯光雕塑作品。

当记者问到他"如何充实自己的创造力"的时候，杰森·克鲁格曼的回答很简单："徒步旅行"——漫步在户外的大自然中，山峦、树木、花草，甚至坚硬的岩石都给了他极大的启示和灵感。

39 投币台灯 （Coin Lamp）
——节约能源的奇思妙想

在公共图书馆里，经常可以看到这样的场景：阅读桌上的灯还亮着，可是灯底下并没有阅读者。若只是一盏两盏、一天两天倒还不算是大问题，可是想想看那么多公共图书馆里（以及人去楼空的办公室、教室里）白白亮着的灯，经年累月……这类"长明灯"浪费的能源可就不是一个小数目了。

"80后"的英国产品设计师杰斯罗·马西（Jethro Macey， 1982—　）也想到了这个问题，他想通过自己的设计，达到节约能源的目的，引起人们对保护环境、节约能源的关注。于是，他设计了这样一款投币台灯（Coin Lamp）：简洁的白色灯罩之下，是一个上面开有小口的浑圆灯座，整体外形相当平实大方，巧妙就在那个小口上——那是这盏灯的开关，只有将一枚硬币投入进去，这盏灯才会亮起来（至于亮灯的时间长短，那是可以通过内部的装置预先设定的），一旦到达设定的时间，这盏灯就会自动熄灭，而避免了人去灯仍亮的浪费情况。

虽然诸如投币电话、投币洗衣机、投币游戏机等产品都早已有之，但这盏灯将平时不被注意的能源消耗与读者口袋里的硬币联系了起来，当灯光每一次亮起的时候，都会

投币台灯

提醒使用者对能源价值的认知，在提高节俭意识的同时，也提高了环保意识，节约了能源，实在是一个很有社会责任感的设计。

除了在公共场合里的应用之外，也有家长表示愿意为自己孩子的房间里装上这盏灯，用来教育孩子，让他们从小意识到能源的价值和环保的重要性，同时，还可以将这盏灯作为一个存钱的小"扑满"，养成良好的节约习惯。

杰斯罗·马西2005年毕业于英国的法尔茅斯大学（University College Falmouth），获得"3D设计"学士学位。在校学习的时候，他一直对于产品的材料和制作过程非常感兴趣，计算机设计也是他最喜欢的课程之一。在一次采访中，马西说：作为一个产品设计师，"你需要努力学习尽量多的技能"。他认为，成功的产品设计师，必须具有"想象力和创意、恒心和毅力、信心和热情、勤奋工作、技术技能、掌控预算的能力、谈判

英国设计师　杰斯罗·马西（Jethro Macey，1982—　）

和协商的技巧"，同时，他认为今后十年里，产品设计师面临的最主要的挑战是设计可持续性的产品、将新技术应用到设计中去、应对愈加激烈的市场竞争。

走出校门后，马西很快就引起了设计界的注意：他用废弃的水泥设计和制作的抽纱地砖（Lacc Tile）在2006年4月的米兰国际家具展上展出，广受好评，并入选英国皇家建筑协会评定的当年"最佳百件产品"（Top 100 Products），而且登上了多份有影响力的设计杂志。马西积极联系了当地的制造商，将这些地砖投入生产，也收到相当不错的市场效果。他之后成立了自己的设计事务所，设计并制作各种日用品和家庭装饰品。

近些年来，杰斯罗·马西开始在英国设计界崭露头角，他的作品荣获英国伊力装饰设计大奖（Elle's Decoration British Design Award，2007）等多个有影响的奖项，英国著名的李柏提百货公司、希斯罗国际机场、伦敦设计博物馆等都登上了他的客户名单。他也被英国《电讯杂志》（Telegraph Magazine）列入了关注名单。在谈到自己的成功创业时，马西非常感谢母校对他的支持。他回忆说，在他刚刚起步时，法尔茅斯大学以相当低廉的价格为他们这些刚毕业的年轻设计师们提供了工作场地和设备，学校的老师也和他们保持联系、提供建议，并请他兼任一些3D设计的课程教师。此外，诸如专门展示优秀毕业生作品的"新设计师展示中心"（New Designers Showcase）、"国家科学技术和艺术基金会"（The National Endowment for Science, Technology and the Art, 简称NESTA）等机构和组织，也都为他们的成长提供了很好的平台和帮助。看到马西的故事，让人不禁感慨：难怪英国一直在设计方面能够保持很高的水平，而且新人辈出，他们这种对于年轻设计师的"扶上马，送一程"的措施，绝对是起到非常重要的作用的。

杰斯罗·马西的尝试引起越来越多人的重视，这是 Moak Studio 推出的一款投币灯，提醒人们随时节约能源

40 煤气街灯的前世今生
—— 古老和时兴

　　很久以前，世界上是没有街灯的，照亮夜路的，是行人手上提着的小灯笼，灯笼里用来照亮的，灯油有各种动物或植物油类，后来才有了蜡烛。在欧洲，直到政府命令临街的居民必须在窗口放上一盏灯，不放的要受到处罚，才有了"街灯"这个概念，算是聊胜于无。想想狄更斯笔下那些黑漆漆、雾蒙蒙、惊心动魄的伦敦故事吧：乞丐、妓女、流氓、盗匪，此起彼伏，出没在夜幕之中，让人不寒而栗。直到18世纪初，那时的伦敦，入夜之后，还是四处漆黑，如果没有一个一手举着灯笼、一手执着棍棒的仆人带路，想独自在户外行走，简直是一种胆大的冒险。那些雇不起仆人的伦敦百姓，就只好碰运气，或者在太阳下山之前匆匆忙忙赶回家去了。

英国议会大厦前的煤气街灯

至于煤气，根据历史记载，早在一千七百多年以前，中国人就已经用竹筒引来沼气点灯了。1726 年，英国牧师斯蒂芬·海勒斯（Stephen Hales, 1677—1761）成功地从煤炭里分馏出一种可燃的气体，将其称为煤的"魂魄"。18 世纪 90 年代初，苏格兰工程师威廉·穆多克（William Murdoch, 1754—1839）首次尝试将可燃的煤气用到特定的灯具上去，他尝试过多种气体，发现煤气是最好的。1792 年，他用煤气灯为自家住宅照明，引起当地居民极大的兴趣。1799 年，法国工程师菲利普·列邦（Philippe Leobon,1767—1804）发明并制成了第一台气体分馏器，开创了制造煤气的工艺，并获得专利。19 世纪的初期，煤气在公众照明方面的运用有了很大的突破。

在伦敦，第一盏煤气街灯出现在 1807 年 1 月 28 日，那天是英皇乔治三世的生日，而在帕尔大街上（Pall Mall）首次点燃的一列煤气街灯，就成了送给他的最好的生日礼物。直至深夜，帕尔广场依然被前来观灯的欢乐人群挤得水泄不通。再过不到两年，整条威斯敏斯特大桥都被煤气街灯装点得熠熠生辉，世界上第一家照明煤气供应公司——"威斯敏斯特煤气照明和焦炭公司"（Westminster Gas Light and Coke Company）也宣告成立。

煤气街灯在法国的出现略微晚一点。1829 年 1 月，最先在巴黎的卡罗索广场（Place du Carrousel），接着在利沃里大道（rue de Rivoli），然后在旺多姆（Vendome）广场……煤气街灯一步步点亮了整个巴黎。一位巴黎作家在 1857 年曾经写道："最让巴黎市民激动的，莫过于各条大道上那些用煤气点燃的明亮街灯了。这些煤气街灯给了巴黎一个新的昵称——'光明之城'。"

随着各种对于燃气和灯具的改进升级不断涌现，煤气街灯很快就在世界各地普及开来。1816 年，巴尔的莫（Baltimore）成了美洲大陆上第一座安装了煤气街灯的城市。到了 1820 年，俄国也开始在城市里设立煤气街灯了。不过，直到 1891 年，奥地利人发明了用氢气和碳氢化合物制成的照明用煤气，煤气街灯才真正有了足够的亮度。

虽然俄国人早在 1875 年就发明了采用电力的电弧灯作为街灯，但是由于可靠性不足，所以并未能够取代煤气灯。而电力能源出现的初期，由于经常停电、故障频繁，也

伦敦曾经有好几百位点灯人

现在的伦敦点灯人，他们的辛劳让历史的光芒依然闪亮

让煤气灯一直流行到 19 世纪末期。进入 20 世纪之后，随着电力工业的发展，煤气街灯才逐渐被电力街灯所取代。现在，在伦敦、柏林、布拉格、华沙，以及西班牙和美国的一些城市，仍有部分街区使用煤气街灯。那些前几个世纪遗留下来的新古典主义风格的铸铁灯杆、那白中带黄的灯光，依然闪耀着历史的魅力。

最多的时候，伦敦曾经有好几百位点灯人，夜幕里，他们步行在伦敦街头，用手中那根长长的、燃着小火苗的细杆，去点燃从铸铁灯柱里喷出的煤气。现存的煤气街灯，当然不再靠人手点燃。即使在白天，如果你爬得够高，仍能看见每一盏灯里有个小小的火头在跃动；一到晚上，安装在灯里的定时器便会将阀门打开，让足够的煤气涌入，燃起明亮的街灯来。不过，为了让伦敦现存的 1500 多盏煤气街灯能够正常运作，五位英国煤气公司（British Gas）的工程师们组成了一支小分队，定期地维修护理这些老古董，他们当然不会去查煤气表，但他们会定时检查这些灯的内部结构，调整其中的机械部分，更换里面的纱罩，有时还会顺手擦擦灯罩上的玻璃。与那些大大咧咧、千篇一律的电力街灯相比，煤气街灯有个性得多，需要的关照和爱护也多得多。伦敦这些煤气街灯和这支专业小分队的存在，要归功于一个名为"英国文化遗产"（Egnlish Hiritage）的民间组织,这个组织保护和修复、管理的各种纪念碑、建筑、古迹等,超过四百多项,煤气街灯就是其中之一。

但是,并不是所有的老煤气街灯都有这么好的运气,得到这么细心的呵护的。与电力街灯相比,煤气街灯的运营成本要高得多,因此要让它们继续在晚上闪亮,并不是一件容易的事。 作为欧洲最大的煤气照明设备生产厂家,总部设在柏林的"布劳恩开关器件与服务公司"（Braun Schaltgerate & Service）与总部设在加拿大蒙特利尔的富昌照明设备公司（Future Lighting Solutions）联手合作,制作出无论是灯光颜色、亮度、光照范围以及外形都几可乱真的 LED 光源,用以更换已经老旧了的煤气街灯。这项技术,能大大降低煤气街灯的费用,还能将灯的寿命提高十倍以上。为了获得公众的认可,布劳恩公司 2009 年在柏林市政厅前面著名的亚历山大公众广场（Alexanderplatz）上设置了 8 根灯杆,装上了替代煤气照亮的 LED 光源,几年下来,民众反应相当正面。相信目前欧洲依然存在的近十万盏煤气街灯中,会有相当部分最后换上 LED 光源,用现代科技来维系历史的光彩。